世界公民叢書
未來的，全人類觀點

真實的共融
驅動顛覆性的創新

AUTHENTIC INCLUSION™
Drives Disruptive Innovation

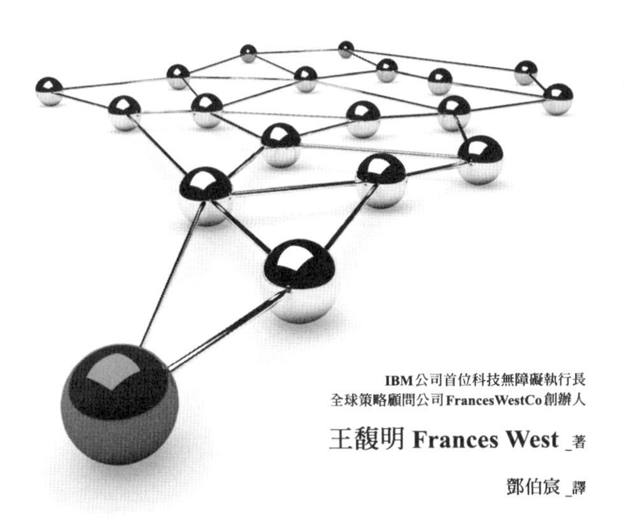

IBM公司首位科技無障礙執行長
全球策略顧問公司FrancesWestCo創辦人

王馥明 Frances West _著

鄧伯宸 _譯

此書

獻給我的父母，王書民先生與劉曼瑩女士，

感謝他們賦予我生命。

獻給我的丈夫，魏凌格（Chip），

感謝他無微不至的愛。

獻給兩位兒子，魏漢宇（Han）和魏漢平（Bion），

感謝他們給了我目標。

獻給兩位故友，IBM 的好夥伴 PJ Edington 和 MY Luu，在風華正茂時先走了一步，

感謝他們給了我動力。

特在此感謝姜慶萱小姐協助本書校訂
並提供身心障礙與共融中文用語專業意見。

真實的共融：驅動顛覆性的創新

【目錄】本書總頁數 200 頁

真實的共融

「真實的共融」於企業與機構而言，是一種強調人類多元化有助於顛覆性創新的組織洞見。此一認知要求組織的各部門採取整體行動，尊重個人與眾不同能力的差異，且認可這差異乃是每人不同的價值。透過以人為本，組織繁榮才能持續不輟，因為原則、宗旨和營利是和諧一致的。

第 1 章

何謂真實的共融，為何是企業的當務之急？

差異有其價值。這不是一個新的概念。無論出之以新想法、外部觀察或非傳統作為，「跳脫窠臼」都是產生新能量及新想法屢試不爽的法門。差異可以產生協同效益。它促進理解，激發創造與創新。正因為我們活在一個充滿差異的世界——不同的能力、年齡與文化背景等等——生活必須反映差異才有意義。

差異之所以有其大用，整體來說，可以花大量篇幅來談這個問題，但幾乎也可說都是老生常談。在社會的各個方面，大家都在談多元與共融的重要性。我這裡所關注的則是，在企業環境裡，特別是在科技世界中，多元與共融所扮演的角色。身為 IBM 首任科技無障礙執行長（Chief Accessibility Officer），與身心障礙人士工作了十餘年，長期從事數位共融

（digital inclusion，譯註：指為建立無差別待遇資訊社會所推動的各種政策與基礎建設）、創新與無障礙方面的工作，科技正是我最瞭解的領域。

差異所促成的「協同效益」、理解與創新，在科技世界，乃至整個企業與機構皆至關重要。因此，務當念茲在茲，不僅要對差異的價值有所認知，而且要懂得有效加以利用。換句話說，我們必須迎向真實的共融。

何謂真實的共融？

「真實的共融」於企業與機構而言，是一種強調人類多元化有助於顛覆性創新的組織洞見。此一認知要求組織的各部門採取整體行動，尊重個人與眾不同能力的差異，且認可這差異乃是每人不同的價值。透過以人為本，組織繁榮才能持續不輟，因為原則、宗旨和營利是和諧一致的。

如我所言，這並不是一個新的概念，過去十年，針對此一主題的研究與論述所在多有。2013 年，在《哈佛商業評論》（*Harvard Business Review*）〈多元促進創新〉（How Diversity Can Drive Innovation）一文中，作者寫道：「新的調查研究充分顯示，多元開啟創新，促進市場成長——此一發現應用心予以落實，確保高階主管發揮並善用差異的力量。」[1]

2017 年，《富比士》（*Forbes*）公佈了一項研究：〈多元工作團隊有利於創新〉（Fostering Innovation Through a Diverse Workforce），研究指出：「多元乃是創新的關鍵，也是企業取得全球成功重要的一環。高階主管都明白，經驗、觀點與背景的多元對創新與

---

1 Sylvia Ann Hewlett, Melinda Marshall, and Laura Sherbin,〈多元促進創新〉（How Diversity Can Drive Innovation）, *Harvard Business Review*, December 2013, https://hbr.org/2013/12/how-diversity-can-drive-innovation.

新想法的培養至關重要。」[2]

隨便上 Google 搜尋一下「多元與創新」，類似上述說法的文章多不勝數。然而，從最近的新聞中也可以得知，在科技界，多元的問題所導致的騷擾與歧視訴訟備受矚目，其中就有一些是矽谷最大的公司。至於是哪些公司，列舉出來於事無補，故在此不贅。事實上，此一問題絕不限於少數幾家公司，而是一個更廣泛的文化問題。遺憾的是，在問題得到解決之前，這類訴訟可能仍會層出不窮。由此可知，儘管大家都明白多元有利於企業與機構，但並未真正予以落實。

那麼，到底是哪裡出了問題呢？科技部門的主管，論才智有才智，論影響力有影響力，在公司裡卻不把真實的共融視為當務之急，原因又何在？對於這

---

2 〈多元工作團隊有利於創新〉（Fostering Innovation Through a Diverse Workforce）, *Forbes* Insights, 2017, https://images.forbes.com/forbesinsights/StudyPDFs/Innovation_Through_Diversity.pdf.

個問題，據我所知，答案不外：**成本太過於高昂……投資報酬率太難以估算……我們聘請了一名顧問，所以我們需要時間處理此一問題……**不一而足。

的確，這是一個複雜的問題。改變一家公司的文化與經營方式絕不是簡單的事，而文化與經營方式長年累積下來已經根深蒂固，整個業界的觀點與做法又都維持不變時，尤其如此。但我們絕不能以此作為搪塞。若做不到真實的共融，公司將面臨許多風險，從缺乏創新到品牌受損，所有這一切都將對營收造成負面影響。

什麼才是真實的共融？

「真實的共融」並非一般所談的共融。談共融的人所在多有，但談的都是別種共融。我要談的乃是扎根於企業界的共融：企業以多元為經營與創新的核心，並切實予以落實。

「真實的共融」不是慈善。以同情之心待人，或有心給予「幫助」，當然是好事。但這裡講的與此無關。真實的共融乃是為公司達成永續與成長所採取的一種全面性措施。

「真實的共融」不可專屬或分派給單一部門，如人力資源部門，而需要在全公司範圍內落實，尤其需要高層人員的支持。此一文化與經營方式的轉型牽涉廣泛，若沒有董事會及高層主管的參與，根本就無法實現。

「真實的共融」不僅與人有關，而且與科技有關。當然，在員工的僱用上，人才多元化的投資是必要的。但同時也要投資必要的科技以支持員工，使其得以成長與適應。

「真實的共融」是絕對不容忽視的要件。如果你追求的是顛覆性創新，而非漸進式的進步，就需要相當多元化的人才為你的公司籌謀與效力。人們常以為這需要花費很多錢，但其實如果你從一開始就將這些因素納入考量，成為你業務結構的一環，以後可以省掉許多「額外的」費用。

「真實的共融」不能等到危機的降臨再處理。若不能積極主動，深植共融的原理原則於思維、實務、營運及組織，公司恐怕會面臨醜聞、訴訟及品牌損害的問題。到時候，往往會花大手筆在聘請顧問、進行研究和開發新職位上，試圖解決這些問題。就事論事，採取以上一系列的行動並沒有錯。但若及早以體制的共融為公司打好基礎，就可以防患於未然，避免受到諸如公共訴訟等災難的打攪和影響。

「真實的共融」不光對身心障礙者有利。身為科技無障礙執行長，我主要的工作就是實現身心障礙者及老年人的平等權益，我的工作經歷讓我深深體認到，這不止是保障特定群體，而是一個關係到全體人類的工作。

為什麼這件事現在尤為重要？

科技發展日新月異，從人人口袋裡的智慧型手機到幾乎無所不能的人工智慧，無可否認地，科技正成為人類生存無可分割的一部分。我相信，在下一個十年中，人類任何可以系統性編纂的工作都有可能會被人工智慧取代。

我不是要討論與機器人交戰的反烏托邦未來。我想說的是，科技正在穩定且迅速地蓬勃發展中，這是無可避免的。在科技與人性間竭力尋求和諧，將成為非常現實的問題。

從手機成癮、假新聞、網路霸凌，到求職網站不由分說地排除了視障者求職，我們已經看到這個問題正在我們的文化中冒出頭來。從科技的開發到使用，我們忽視科技的人性層面的時間越長，對人類造成的負面影響就越嚴重。

因此，隨著科技變得越來越聰明，越來越像人，要管理並超越機器，人就必須更為人性。特別是在科技領域，公司競相創新之餘，企業不要忽略人性，這一點至關重要。畢竟，科技的主要目的是解決人類問題，對吧？若有什麼當務之急，是我們要加上標籤的，那定然是 # HumanFirst（以人為本）無疑。

說到這一點，我們會想到機器無法輕易編碼的人類特質，譬如創造力、同理心及合作精神，或人格特徵如毅力及勇氣。我們所認為的「軟技能」將成為管理科技最關鍵的技能，尤其是在人工智慧層面。這就是為什麼真實的共融可說是刻不容緩且事關重大。

科技成就人類

在三十多年的職涯中，我因應了許多商業和科技領域的共融挑戰，對「真實的共融」理解得越來越透澈。我在前公司 IBM 的就職期間，致力於解決團隊中有身心障礙或不同能力的員工所面臨的問題。後來我發現，人們與科技的互動可以顯著提高或阻礙人們的生產力和生活品質。如果沒有從一開始就將科技共融納入考量，那麼不符合「標準模式」的人（像視覺障礙、聽覺障礙和行動不便者）可能不得其門而入而會被完全排除在外，喪失了參與數位工作和社會的機會。然而，倘若能將這一點加以思量，就能使他們如虎添翼，有能力創造巨大的價值。所以「真實的共融」是學習深度與廣度的瞭解人類差異，在對談和實行時採納不同的聲音，然後設計科技以滿足個人能力、經驗和需求。

舉例來說，隨著我自己的年歲漸長，我明白了一個現實的統計現象：我們的人口正在高齡化。一整個世代的人累積了多年的知識與專業，身體也隨之老去，他們的需求需要得到滿足。如果你的公司已經採納了真實共融的理念，那就表示你擁有必要的數位基礎設施和以人為本文化，讓年長的員工能夠繼續為公司創造生產力。由於你已經具備這樣的基礎設施和思維，你就能善用這些優勢，為高齡的客戶提供資源、服務，可謂一舉兩得。

有一點顯而易見但仍值得一提的是：沒有人能免於衰老的過程。隨著退休年齡不斷提高，所有人都將需要更多的便利設施。尤其是在科技領域。這是一個不爭的事實。

身為一個歸化入籍的美國公民，我清楚認識到，在推動科技人性化方面，美國的角色深具潛力。美國乃是建立於創新與差異的基礎上。逾兩個世紀以來，來自世界各地的人——包括我自己——來到這裡，開創人生，實現美國夢想。若說有哪個國家可以成為「真實的共融」的先行者，非美國莫屬。

當然，這並不是說「真實的共融」的想法只存在於美國。世界上任何地方，只要有企業存在，這一理念都顛撲不破。但我認為，美國應該當仁不讓。

美國的立國基礎——從權利法案到憲法——支持人人平等的理念。我不想說得太理想化，但我確實相信，在這方面，美國可以也應該成為一個道德領袖。在我看來，為了創新和盈利而支持人們的差異性，這顯然是很符合美國精神的思維和獨特的理念。

接下來的章節中，即將談談未來的創新與營利——一個與企業與機構界中人息息相關的主題——以及如何藉著真實的共融來達成目標。希望這些想法能夠引起讀者共鳴。

首先，我將娓娓道來促使我投身於這個主題的經歷，以及我是怎麼領悟到真實的共融有多重要。

第 2 章

多元化塑造人生的經驗：我的生活與經歷

我選擇成為那棵樹

我出生在台灣，家中排行老二，也是父母唯一的女兒。母親是一位傳統中國女性，按照傳統觀念，在她看來，年輕女孩的最佳出路，無非長得漂亮嫁個有錢丈夫，一心想要我遵循此一傳統規範，卻又說我與眾不同，比起兄弟們，更像父親。

父親是機械工程師，一九四〇年代出身中華民國海軍，是第一批被派往邁阿密學習操作美國艦艇的工程師之一。回到台灣，帶著可口可樂和箭牌口香糖等紀念品，外加對異國文化的深厚興趣，這一點他遺傳給了我。

後來，到了六〇年代末期，父親成為聯合國駐台顧問，從事海運發展計畫，主要任務是培訓年輕人與海員進入商業運輸。父親具有航海專長，在美國受訓期間又痛下工夫學習英文，因此，就這項計畫來說，在技能和學識方面，可謂不二人選。

每逢假日，譬如聖誕節，父親都會邀他聯合國的同事來家作客，客人則會教我們一些西方習俗及禮儀，諸如裝飾聖誕樹、使用刀叉用餐，以及幾句英文成語，譬如 You talk too much（你真是聒噪）之類。遠方的來客及他們的風俗在在令我著迷。

我也深愛學校和學習，這讓我母親很懊惱。在班上，總是前三名，每次帶獎狀回家，媽媽都會說「噢，家裡又多了一張衛生紙。」之類的話。另一方面，哥哥成績平平，她卻稱讚他用功。回想起來，她的本意並不壞。相反地，她只不過是要拉我一把，乖乖順從當時中國習俗對女性「女子無才便是德」的期望：成績好固然好，但不應該影響我找個金龜婿的前景。

那一刻，我當然覺得不公平，但她的反應並沒讓我不悅，心想定是自己做得還不夠，只要更加把勁就行了。沒去交男朋友，或化妝打扮，繼續追求好成績。

儘管母親似乎對我的成就不感興趣，但她從不吝惜確保我接受最好的教育。她把我送到台灣的一所基督教女子寄宿學校，那裡競爭激烈，費用昂貴，就像美國的私立學校一樣。正是在那段時間，我開始更加意識到自己的差異。首先，對於一個中國女孩來說，我很高。這讓我以一種不總是受歡迎的方式脫穎而出。譬如說，學校演話劇，要我演男人的角色，或一棵樹，我並不因為自己不能扮演公主而賭氣，我接受這些角色，選擇做一棵樹。一方面我不想遭到冷落。另一方面，我到最後仍然是演員陣容的一部分，還是可以留在學校的劇團裡，有過了演出的經驗，享受過參與的喜悅。

香港的文化衝突

1971 年，聯合國承認中華人民共和國為會員國，台灣退出聯合國。由於這一變化，父親失去了工作，不得不四處奔波尋找新的差事，最後，在香港環球航運公司找到一個職位，我們不得不舉家搬遷。

搬到香港，對我們所有人來說，都是一個艱難的過渡。首先，生活在台灣，我們說普通話。在英國殖民地香港，人們卻講英語和廣東話。父親雖然會說英語，但我們其他人都不會。由於語言障礙，母親連購買日用品都有困難。

那個夏天，我記憶猶新。坐在一棵榕樹下，母親哽咽說：「我該拿你們三個孩子怎麼辦？」在台灣，我和兄弟倆都念最好的私立學校。如今，一夕之間，竟連入學考試都無法通過，不止因為不會說英語及廣東話，還因為我們念的科目不對。在台灣，我們學的是現代中國文學，而在香港，學生學的是古典中國文學。我親眼目睹了文化、期望與環境的轉變對能力與價值所造成的巨大衝擊。

最後，總算是上學了，所經歷的可以稱得上一場文化衝突。其他學生根本不理會我和兄弟倆，我每天哭著回家，母親對我說：「只要在學校表現好，妳自然會受歡迎。」於是，我咬緊牙關，發狠用功。母親這一反常的鼓勵看似意外，但中國人基本上非常務實，她明白，好的成績會為我帶來社交機會。何況中國傳統的那套兩性規範是管不住我的，她心裡有數。

大學入學，我同時錄取香港大學及香港中文大學。我選擇了中文大學，因為它採取大學四年制。大一下時，見到一份美國交換學生傳單，主辦單位不久就要面試。我可不認為自己會錄取——因為玩得太瘋，成績下滑——但還是決定去報名，至少可以練練自己的英語會話。

三位教授——兩位美國教授，一位中國教授——問了諸如「為什麼想去美國念書」之類的問題。我給出了自己想得出來的最好答案。然後他們又問，如果發現室友抽大麻，我會怎麼辦。我覺得這個問題很怪。但不像其他用功的大學生，多半給出嚴肅的、乖乖式答案，我的回答是：「啊，我不會加入他們，但這是他們的國家……我認為，他們可以做自己想做的事。」我感覺得出來，兩個美國教授喜歡我開放式的答案。

事情過去，我也沒放在心上，但兩個星期後，接到電話通知，我錄取了。到了該走的時候，我有兩所學校可以選擇：加州雷德蘭茲大學（University of Redlands）和維吉尼亞州華盛頓與李大學（Washington and Lee University）。我選擇了華盛頓與李大學，因為離華盛頓特區及紐約市較近。我只是想去美國這個國家的那裡看看。對美國南方，我知之甚少，而且完全不知道這所大學是一所全男生的學校。

在美國自由做自己

那年秋天，我飛到紐約，登上開往維吉尼亞州萊辛頓（Lexington）的灰狗巴士。一位教授，戈德斯坦博士（Dr. Goldsten）夫婦同意作我的寄宿家庭。

戈德斯坦一家人熱情接待我，令我受寵若驚。引我進家裡，給我自己的房間——這可是從未有過的——鼓勵我參加他們所有的傳統活動，如一同過光明節和逾越節，學做金餡餅及猶太丸子湯（一年下來，體重增加了十三磅），還幫助我度過了大學生活的種種疑難，一路走來，給我建議，給我叮嚀。

因為我是校園裡的五個女性之一，我得隨身攜帶一個手作標誌，上洗手間時隨手貼在門上，當時學校還沒有女廁。年方十九，天不怕地不怕，不覺得有什麼不妥。我愛上了這裡的一切，幾個月後，決定留下來。在這裡，不像香港的大學，我可以想選修什麼就選什麼。

對於我應該怎麼做，父母的想法，香港大學的束縛，我全都丟開，盡情探索自己的興趣。美國文學、電視節目製作、地質學……只要是自己感興趣的課程都不放過。擁有了選擇的自由，一種解放的感覺。

我也很喜歡我的一群新朋友——同樣是來自其他國家的交換生的年輕女性。那一年，一位德國女友辦了一場聖誕派對，也就是在那兒，我和我的丈夫初識。一個年輕的南方人，走到我面前，自我介紹說他叫奇普（Chip）。我說我是法蘭希絲・王，操著一口在香港上學學來的英國腔。

「Chip？」我說：「洋芋 chip？」

「不，巧克力 chip。」他回答。不知怎地，我覺得有大事情要發生了。

與此同時，父母對我決定留在美國很不開心，說我不忠，並切斷了對我的資助。對他們的反應，我也不開心，但決心走自己的路，無論有或沒有他們的幫助。戈德斯坦博士給我建議，申請一所州立大學，比較便宜。我接納了。幸運的是，我已經有了 F1 學生簽證，剩下來的就只是看哪裡要我了。戈德斯坦博士又說，萊辛頓肯塔基大學的商科很不錯，於是，我申請了，並經錄取。

決心自食其力，照顧好自己，念完大學。於是申請了獎學金，並在學校餐廳打工，每天午餐時間工作幾個小時，不僅夠付房租，還學到了一些寶貴的經驗。在廚房，一起工作的員工多數是非裔美籍，目睹了許多管理不當及歧視。

眼看黑人同事不受尊重，遭到輕蔑，管理階層與低階員工之間存在著巨大的不公平，以及權力落差所造成的功能失調。我知道，這是不對的，裡面問題重重。儘管自己沒有遭到同樣的騷擾，卻覺得沉重。

很有可能，正是這樣的體驗，在我心底播下了真實共融的理念種子，也形成了我現在的領導與管理模式。多年來，多位導師曾跟我說，我對工作團隊付出的關注太多，但對「高層的人」——那些掌握公司發展方向，影響個人生涯軌跡的人——付出的卻不夠。但對我來說，關注工作團隊正是真實共融理念的核心部分。

#以人為本，主題標籤#出現之前

一切平順：我成績優秀，準備畢業，奇普和我訂了婚。

最後一學期末，1979 年春天，我參加了 IBM 在校內的面試。應徵者必須是美國居民，但我不具這項資格，更何況當時我的英語還有些彆腳，工作經驗又有限，但這一切我全不擺在心上。畢竟我成績優秀，只是想和那位面試主持人談談而已，心想，管他結果如何，至少還可以學到一點東西。面試過程中，我福至心靈，談起自己所做過的工作（在學校餐廳打工，在中餐館及華美達酒店當女服務生，在銀行收發室貼郵票）有多重要，講得頭頭是道。

面試主持人，法蘭克・弗萊德斯多夫（Frank Friedersdorf），認真地聽著我說明自己的工作經驗及對顧客服務的看法。面試結束前，我告訴他，我還沒有綠卡（永久居留證），但即將與一名美國公民結婚。面試結束，法蘭克說：「妳知道嗎？法蘭希絲，妳在 IBM 有一份工作了。趕快去結婚，好好度個蜜月，等妳回來，就可以開始在 IBM 上班。」

我把 IBM 給我工作機會的事情告訴別人，沒有人相信。像 IBM 這樣的一家公司，怎麼會將工作給我這樣的一個人？一旦大家相信確有其事，便毫不猶豫地推想那定是一個祕書職位。但不知出於什麼原因，在與我交談後，法蘭克決定要讓我成為一名系統工程師。作為一名市場行銷專業的學生，我從未上過一門電腦工程或程式設計課程，但是，就像我決定在學校戲劇中扮演「樹」的角色，或者上一所全男性大學一樣，我想，「好吧，我最好直接說『是』，然後再看著辦吧。」

雖然才見過幾次面，法蘭克・弗萊德斯多夫卻成了我人生中的大貴人。他錄取我，打破了公司所有的規則。面試中，他顯然沒有按照標準行事，而是從一個人性化的角度出發。他看到了我身為一個人的潛力，給了我一個天大的機會，對他，我衷心感激，畢生銘記。我也確實沒有辜負他，在 IBM 一待就是數十年，而這家公司，我後來才知道，在共融與無障礙方面確實扮演著先驅的角色。雖然當時主題標籤尚未問世，但法蘭克的作為確實已經提前標示了以人為本的精神。

嫁雞隨雞

中國有句諺語：「嫁雞隨雞，嫁狗隨狗。」多年來，奇普和我都扮演著雞和狗的角色，彼此相隨，工作到哪裡人就到哪裡。1980 年，奇普開始在東朗辛（East Lansing）的密西根州立大學攻讀心理學博士學位；而我則是先在肯塔基的 IBM 工作了一年，同一年調到密西根州大急流城（Grand Rapids），因為這邊的資料處理部門剛好有個系統工程師出缺。

大急流城才是我職業生涯的真正開始。客戶包括許多硬邦邦的製造商——坦克引擎及鋼鐵公司。一個亞洲女孩，二十出頭，穿行於全都是白人的車間，跟資訊部門主管（也是白人）商討 IBM 系統 370 主機的組裝或升級——每台價格都是在四、五百萬美元以上——不難想像，過程中所需要的創意與堅持，要做好自己的工作，還真要花些心思。

這段早期的歲月中，我發現，跟這些科技行業的男士們共事，只要設法找到了共同話題，他們其實都非常開放且平易近人。我做過調查，發現大部分的密西根男士都喜歡釣魚和打獵。因此，在調試 COBOL 程式的過程中，我都會找空檔問一些問題，比如冬天如何冰釣，或鹿肉如何儲存？我只要稍微多用點心，年齡、性別與種族的隔閡便消失於無形，使我們得以站在人性層面的立場進行溝通。

在密西根工作數年後，我經常收到煙燻硬頭鱒或醃製鹿肉，都是客戶贈送的禮物。早期在白人男性主導的工作場所的經驗教會了我需要做什麼才能建立有意義的聯繫，並為我的未來做好準備。

我們的下一步是前往波士頓，讓奇普在哈佛大學進行博士前和博士後實習。我成為 IBM 波士頓分公司的系統工程師經理，負責製造、醫療保健、高等教育和零售領域的客戶工作。1985 年，長子出生，四年後，次子來到世間。在那個年代，身為職場母親，既令人興奮又充滿刺激。令人興奮的是，企業界剛開始為職場女性提供服務。IBM 先進的產假及育兒政策大獲女性員工的讚賞，包括我在內。對公司的尊重與忠誠，一切皆源自於這些以人為本的政策，薪酬或晉升倒是其次了。但生活也充滿挑戰，由於沒有前例可循，職業母親只有靠自己摸索，邊走邊想辦法。

任何在職父母都會告訴你「面面俱到」是多麼困

難。但我下定了決心。家庭要好，職業生涯也要好。身為一個工作繁重的虎媽，工作的要求又高，要找到平衡點並不容易。現在回想起來，如果沒有一個強大的支援系統——我的丈夫與家母——我不可能取得今天的成就。奇普是臨床心理師，所以他的工作時間很靈活，至於母親，1984 年我父親去世後，我母親全職搬進來幫忙照顧這個家，一直到 2011 年她去世的那一年。

我自己國家的文化障礙

儘管 IBM 以個人電腦的發明改變了世界，多年來名列世界最受推崇公司，但也無法免於科技變革與市場力量的衝擊。一九九〇年代初，個人電腦的競爭對手迅速崛起，IBM 傳統主機的業務量大幅下滑。到 1993 年年底陷入困境，面臨大規模裁員。這時我剛獲晉升，成為 RISC 6000 夢幻隊團隊的經理，卻不得不轉過身來裁掉頂尖的員工。

這段經歷艱難無比，所幸人力資源部門與高階管理團隊秉持同情與透明，事情才變得容易些。他們針對公司所面對的挑戰，經常進行溝通，開誠布公，呼籲全球所有 IBM 人團結。我們做到了。我們這樣做是因為我們的新領導者郭士納（Lou Gerstner）很清楚他對員工和公司的期望。 我們這樣做也是因為我們是一個團隊。直到今天，我記取這次教訓：身為領頭羊，只要能夠秉持人道精神，真誠溝通，再困難的環境，員工都會做出回應。

在中國的工作是我人生中最具挑戰性的三年。我沒有意識到的是，我所有的思維和商業直覺都是在美國磨練出來的，這確實是一項「國外」任務。

IBM 歷經艱困轉型之際，中國等新興市場對電腦的需求卻在不斷成長。1994 年初，我決定前往中國，任職 IBM 公司海外派駐人員，在北京待了三年。起初，我以為這會很輕鬆，我會說當地語言，具備扎實的商業訓練，而且在美國有過經理人的經驗，原以為一切都會像回家一樣輕鬆。買了幾件漂亮的新衣，帶著家人和我們的貓咪妹妹，就搬到了北京，走馬上任。

殊不知，中國的工作竟然成為我人生中最具挑戰的三年，完全沒有想到，在美國歷經千錘百鍊，自己的思維方式與商業直覺搬到了這裡，還真是有如置身「外國」。

在中國，做生意完全是另外一回事。由於此行肩負銷售大任，最重要的，莫過於「讀懂」客戶，達成交易。儘管一口流利中文，對話毫無障礙，但完全抓不到其間的微妙，為求瞭解真相，不得不求助於在地的銷售代表，會談中藉故離席，溜到走廊給銷售代表打電話，問他：「他在暗示什麼嗎？他到底在講什麼？」由他來幫我解讀顧客的話中話，弄清楚他們真的是有意購買還是在殺價。派駐六個月後，我徹底崩潰了，因為我無法讀懂我的客戶。

在此之前，我常向心理學家的丈夫說：「我可不需要你的服務，我是中國人，我心理很堅強。」我會開玩笑說，治療於我派不上用場，告訴他：「我可是個強人，十足穩健。」但事過半年，回到家，癱到沙發上，對丈夫說，我碰到了身分認同危機。儘管自己是中國人，卻不覺得是中國人。這才瞭解，至少在商業思維上，自己其實是個美國人。

隨著時間過去，我已經能夠理解顧客的意思，但一路走來，也學到了一個得來不易的教訓：縱使說同一種語言，對自己理解別人的能力千萬不可過於自以為是或過度自信，對於自己的假設必須隨時提出質疑，敞開心胸聽取新的意見，並尋求幫助。

在中國學到的另外一課，則是連我自己都沒料到的，那就是連歧視都有所差異。過去我在美國所面對的，基本上是種族歧視。多年來，我有時必須應對針對亞洲人的公開和微妙的歧視態度。應對這種情況，我有自己的一套策略，比如說，用幽默的方式，指出偏見所在，模仿搞笑一番，化解尷尬，最終讓某人認同我的看法。

但在中國的歧視，問題不在種族，而在於性別。當時，來到中國從事各種業務的外籍人士相當多，來自台灣、新加坡及香港的經理人，和我一樣，都是中國人，但都是男性，幾乎沒有一個女性。

我的經理，美國人，戴爾・大衛，為這項職務約我面談時，問完了我的各種業務資歷後，說道：「最後一個問題：妳會抽菸，會唱歌，會喝酒嗎？」

當時，對這個問題我還感到意外，但到頭來，事實證明，我與客戶會面行銷時，所有這些都息息相關。當時在中國，每個人都抽菸，每有聚會，喝酒乃屬常事，卡拉 OK 則是商業文化的重頭戲。後來更發現，喝酒、抽菸、唱歌之外，身為女性，時不時還有人指望我跟客戶跳舞。

鑑於亞洲商業文化非常以男性為中心，對女性的態度可能會令人不安。有幾次，男同事邀我加入他們的飯局，才坐下來，他們就嘰哩呱啦，滿口不得體的笑話。而我跟他們談生意策略時，卻只見他們瞪著我，一臉的不解，甚至走開，跟個女人討論業務，叫他們受不了，也沒興趣。

儘管費力傷神，我總算能夠穩步向前，達成任務。1994 年，中國的金融市場剛剛起步。除了我認為的最大成就之一：幫助中國人民銀行建立銀行間支付系統（相當於美國聯邦儲）和上海證券交易所的經紀系統之外，我還為我未來在無障礙與共融的工作上打下了重要的基礎。三年來，雖然辛苦備嘗，但也幫助我對在不適應的環境下工作的其他人產生了敏銳的認識和同理心。

追尋自己的無障礙之路

北京一待三年，該是回美國的時候了。接下來的六年，我在 IBM 擔任過好幾項業務的主管，包括保險業務、全球服務及 IBM 蓮花軟體（IBM Lotus）。到了 2003 年，接掌 IBM 人類能力與科技無障礙中心（Human Ability and Accessibility Center），最後成為 IBM 首任科技無障礙執行長。

人類能力與科技無障礙中心，是以聲望卓著的 IBM 研究部門為基礎所發展出來全球性組織。有感於科技對身心障礙者與老年人所造成的衝擊，各方關注日增，公司乃成立此一中心，希望利用最佳的研究人才提出解決之道。不同於其他公司，看待此一問題無非是為遵守《美國身心障礙者法》，而我們從一開始，就是從一個創新的角度出發，使命更高於法律，既要為員工創造共融的環境，也要為不同需求和能力的顧客提供共融的產品，讓人們在工作與生活中得以發揮最大潛能。

一開始，我只是接任一個新的主管職務，結果卻遠遠超出了自己預期。對於這個職務，我沒有任何無障礙的背景。我無非是拿自己不同的人生經驗與科技背景做個參考；就和我的第一份工作系統工程師一樣，對這方面的認知全然空白，到頭來卻發現，連無障礙的一般性概念都付諸闕如。但撇開了法律與慈善，從一項事業的角度來看，我看到了真實情況，我的身心障礙職工團隊的表現令我大感訝異。他們的創意出人意表，思維跳脫窠臼，處事方法靈活，他們的身心障礙成就而非限制了這一切。這正是差異的力量在發揮作用。

我越來越清楚認識到這份工作的未來性：科技的成長與創新日新月異，更優越的科技則提供機會，使我們的生活變得更好。我也看到了我們可有的收穫：那些身心障礙者的聰明才智，過去受限於科技阻礙與周遭人觀點的限制，產能、見識與理念一度受到壓抑，都將失而復得。因此，最初的一份工作，很快變成了一項召喚。又由召喚變成了一份使命。這個使命使我有機會追隨父親的腳步，在聯合國展開我的工作。我在聯合國發表演說，到參議院作證，推動聯合國通過《身心障礙者權利公約》（Convention on the Rights of Persons with Disabilities）。這是一項以美國《身心障礙者法案》為藍本的國際身心障礙人權條約。這確實是我職業生涯最大的一項成就。

2016 年，我決定自行創業，追隨內心的號召，為真實共融的影響力拓寬道路——不是在一家公司裡面，而是在整個企業世界。如今，我從事演講和策略諮商，目標在於喚醒企業與機構的決策者——從快速成長的新創企業的創辦人，到企業巨人的執行長及世界各國機構的政府官員——認識真實共融的潛力，希望他們瞭解，透過公司的一些理念和組織變革，他們可以創造多少利潤、創新、員工和客戶忠誠度、公民幸福感以及積極的文化變革。

欲知此舉結果，且讓我們來看看，從一開始就落實真實共融原則的公司會如何，而不這樣做的企業又會如何。

第 3 章

一切以人為先：科技以人為本，為人所用

世界上許多社會的演化都歷經多個階段，從狩獵採集社群轉變到農耕畜牧文化——以簡單工具種植穀物，飼養家畜——接著進入農業社會，利用較為複雜的工具與設備提升生產力。然後，在工廠、機械及自動化的推動下進入工業化。如今，到了後工業社會，資訊與科技成為主導，科技及其目的也仍然持續不斷演化。一如社會的各個階段，科技的角色也是從簡單起步，逐漸趨於複雜。隨著科技從後台轉移到我們的口袋，並滲透到我們生活的方方面面，我們需要更加瞭解並深思熟慮我們內建的類人功能。

大型機時代

早期電腦的目的，在於幫助企業有效處理大量訊息。因此，設計者主要關注的是訊息的處理速度，以及大量輸入與輸出的操作，與使用的人無關。1979年，我剛進入 IBM 時，還是大型機時代。當時還沒有個人電腦。若要使用電腦，就必須去大學或服務機構的計算機中心，將程式寫入打孔卡，送至資訊中心，由別人幫忙輸入，然後是等待，等到一張橫式綠色條紋的大紙（我們稱之「西瓜紙」）輸出列印。整個過程需要高度的專注及前置計畫，沒有任何用戶友善的地方。

當時，我負責大型製造公司和銀行的客戶服務。身為系統工程師，我的工作是為客戶推算管理車間系統（shop floor system）或加快支票處理系統所需要的計算能力水準。幫客戶設置這些所謂的「業務主機系統」，應對他們的挑戰，我非常熱中於幫助我的客戶安裝這些所謂的「企業與機構大型主機系統」來解決他們的業務挑戰。正如我的一位導師所說，我當時的靈感是追隨前一代 IBM 員工，他們參與了「具有更高使命」的專案。舉例來說，IBM 就曾協助 NASA 航空太空署開發阿波羅計畫的計算機系統，並為聯邦社會福利局（Social Security Administration）提供解決方案。他們的工作與關注並非只是系統的功率與速度，而是解決對人類有影響的難題，正是這種特質，使我以身為 IBM 人為榮。只不過，這項科技在當時乃是為了解決「系統」問題，而非「個人」問題。

個人電腦的興起

直到八〇年代，科技經濟才從以系統為中心轉為以個人為中心。1981 年 8 月，IBM 發表劃時代的 IBM 個人電腦，終於為小型企業與個人提供了獨立的計算能力。第一代個人電腦進入世界，但實際上尚未十分個人化，主要的使用者是受過專業訓練的科技人或企業界的個人。

最初，電腦所提供的用途非常基本，仍然處於速度與流程自動化的階段。還記得我就曾拖著一台非常早期的個人電腦回家，幫丈夫打他的論文，唯一的目的不過就是它在文字處理上比打字機更有效率。

到了八〇年代末九〇年代初，微軟與蘋果開始壯大，個人電腦市場隨之蓬勃發展。那一時期，無論對科技業、經濟或我個人，都是一個影響深遠的時期。隨著九〇年代初個人電腦的興起，以及接下來十年網際網路與矽谷的成長，焦點又開始轉移。科技變為平民化及商品化，服務重點不再是企業與機構體系而是個人。從遊戲到手機及社交媒體，科技迅速融入生活，幾乎成為所有活動的支撐，包括工作、遊戲與生活，重要性甚至高於產能，對許多人來說，資訊即是生活。在某些情況下，數位決定了我們的存在，也定義了我們是誰。

更重要的是，改進系統之外——無論是製造業、銀行業、零售業，甚或文書處理——當今多數的科技都側重於人的改進。透過科技，將我們使用的工具個人化，幫助我們成為最好的自己。Apps（應用程式）、網站及線上服務提供醫療保健、教育、銀行業務以及其他更多服務，所有這些都可以根據一己的行事曆、需求和興趣量身訂做。這種程度的功能由更智慧的技術提供支援——為我們進行人性化的考慮和決策，以換取便利、生產力和客製化。我們即將迎來的是一個科技與人日益緊密交織的社會。

無障礙的重要性與責任

我們今日創造的科技，明日將成為人類的工作夥伴。為因應這樣巨大的變化，我們也必須徹底改變自己的思維模式：既然科技愈益個人化，我們也應該多方接納人性與人類想法的多元。

以客為尊乃是個人化的極致，無障礙則是其中的一部分：每個使用產品或服務的人，無論年齡或能力，定要讓他們能夠獲得正面的，甚或愉悅的體驗。舉例來說，建造一個系統並期望稍後為有視覺障礙的用戶進行調整已不再可行。事後放慢速度並改造技術本質上意味著你要重複這項工作，浪費你的時間和金錢，並使你處於競爭劣勢。快速成長已經是大勢所趨，處處用心在意，其中自有大用。

此外，以科技的速度來看，今日的科技人——那些為我們生活中無處不在的工具進行編程的人——若其背景、經驗與視角有所侷限，有可能在不知不覺中將偏見植入廣泛應用的工具設計程式，因此而增加風險。

人工智慧就是一個很好的例子，輸入的數位數據有限時，科技也會捉襟見肘。舉例來說，為照顧老人所開發的機器人，如果完全由二十五歲的白人來設計——這不是不可能，事實上，2016 年，在美國，電腦科技的畢業生，男性約占 80%，白人則占了 63%——此一統計數字表明，在早期的籌劃階段就需要予以多元化。[3]

由此不難想像，為老年人設計科技，如果完全由二十五歲的人來建構及測試，可能會有無數的缺點，之所以如此，不僅因為開發者不太可能對這類顧客的需求擁有豐富的第一手經驗，更因為一群同質性的人，其視角受到侷限，設計上必然會忽略掉一些問題與機會。老祖母的女性問題，或她弱化的視力與膝蓋問題，機器人看護會納入考慮嗎？她做出回應時，音調中的孤獨，機器人能夠體會嗎？

就人工智慧來說，不僅只是速度與功能的問題，現在所討論的，還包括更難以掌握的人類特質，諸如情感、聯繫與互動。新的人工智慧必須具有這方面的

---

3 Blanca Myers,〈科技界的婦女與少數族群〉（Women and Minorities in Tech, By the Numbers）, *Wired*, March 27, 2018, https://www.wired.com/story/computer-science-graduates-diversity/.

邏輯，分辨其中的細微差異，而且要能有效執行，因此，在設計過程中就需要集合多元的工作夥伴——不同的年齡、性別、文化與身體能力等等。若能夠做到這一點，無論建構什麼，由於多方考量人的使用，而非侷限於一個觀點，在廣度及持久上自都能符合使用的需求。

有限共融的陷阱

觀點侷限的陷阱，每個人或多或少都曾經歷過，無論產品、服務或活動，沒有考慮到或解決個別需求的情況所在多有。在我職業生涯中的早期，有一次特別的經歷就讓我深有感觸。當時，獲選為系統工程師「年度新秀」，受邀出席 IBM 在邁阿密海灘楓丹白露酒店舉行的表揚活動。受到表揚的人都得到一份獎勵，可以選擇高爾夫球、網球或深海釣魚等免費活動。高爾夫球或網球，我都沒打過，選擇釣魚，包準沒錯。

到頭來，那一天完全出乎我的想像。在海上，熬了整整六個小時，和六位喝啤酒的男生。沒有地方遮陽，沒人跟我講話。因為不喝酒，便和船長站著，感覺皮膚在佛羅里達的太陽下燃燒，而其他人則喝啤酒，講笑話，聊釣魚。那是我一生中最長的六個小時。回到陸地，心想，這次活動與其說是獎勵，更像是在懲罰。

記得當時我還想，活動籌辦人員定然花了不少時間及金錢，才敲定了獎勵活動的選項。但他們心裡顯然只有一種員工，而我則不屬於那種。在那種情況下，要我覺得賓至如歸，縱使不是不可能，卻也戛戛乎難矣。

這種情形在科技上也屢見不鮮。你可曾上過一種網站，內容滾動得太快，根本抓不住它在講些什麼？對於一個二十多歲、以英語為母語、閱讀速度極快的人來說，這樣的設計可能行得通，但對其他許多人而言，可能就很難理解了。這不是能力的問題。很多人可能都有過這樣的經驗，想要用手機查一家餐廳的菜單，結果發現網站並未優化手機的使用。網站的讀者是否能及時消化資訊，格式是否理想，是否達到預期效果，這些都是設計過程中重要的環節，需要多元的觀點與經驗。

缺乏無障礙性不僅會給使用者帶來挫折，也會帶來訴訟及其他處罰形式的嚴重後果。2006 年，加州柏克萊分校視障學生布魯斯．薩克斯頓（Bruce Sexton）發現，由於網站缺乏無障礙設計，使他無法上 Target 的網站上購物。沒有「替代文本」（alt text）或使用螢幕閱讀科技的影像說明，網站又未裝置無障礙影像地圖，視障者無法在 target.com 獨自完成購物。[4]於是，他結合盲人全國聯盟（National Federation of the Blind，NFB），提出訴訟，指控其侵犯公民權利，違反《美國身心障礙者法案》及多項加州法律。最後，Target 與盲人全國聯盟達成和解，支付訴訟人六百萬美元，此外為了提升無障礙設施，又花費了鉅額資金更新網站。[5]

共融的益處遠勝於守法

如同薩克斯頓在 Target 案中所言，增加無障礙

---

4 Henry Lee,〈加州大學盲人學生控訴 Target / 失明者無法使用銷售網站訴訟案〉（Blind Cal Student Sues Target / Suit Charges Retailer's Web Site Cannot Be Used by the Sightless）,*SF Gate*, February 8, 2006, https://www.sfgate.com/news/article/Blind-Cal-student-sues-Target-Suit-charges-2504938.php.

5 David Chartier,〈Target 付出六百萬美元和解網站無障礙訴訟〉（Target to Pay $6 Million to Settle Site Accessibility Suit）, *Ars Technica*, August 28, 2018, https://arstechnica.com/uncategorized/2008/08/target-to-pay-6-million-to-settle-site-accessibility-suit/.

「不僅可以幫助這個國家的一百三十萬人，以及嬰兒潮中未來也將失去視力的人口」，而且可以提高整體的可瀏覽性，就科技其他方面來說，情況亦然。[6]提高無障礙的程度對所有的人都有利，多一層功能與個人化，可以服務各種不同環境的使用者。

以網際網路上日益普及的影片為例。隨著網路從文本格式演進到影片普及，設計師與程式師也必須迎頭趕上，使這種格式易於使用，從而引入了字幕。字幕不僅有利於螢幕閱讀器的使用者及聽覺障礙者，文字的加入也讓所有的使用者都能有效獲取資訊，包括聽不懂但能讀懂英語的人，或因周遭環境影響以致能力受限的人，例如在機場等環境噪音較大的地方。

企業也逐漸認識到無障礙環境所帶來的巨大利益，為客戶提供了多種獲取所需資訊的途徑。在某些國家，例如中國，即使在生產與服務方面，像美國身

6　同註 4。

心障礙者法案這樣的法律尚付闕如，企業也都在關注這一領域，並以此追求品牌區隔與財務成功。譬如，中國一家最大的金融科技公司，知悉公司行動平台難以進入所造成的影響後，就雇用了多元的設計與測試團隊——由各種不同年齡與能力的人組成——以確保使用者的體驗都能納入公司流程的每一個步驟。

Inclusite，總部設於歐洲，是一家以人為本的科技公司，致力於電子科技基礎設施能夠為所有的人使用，有鑑於無障礙已經成為企業與機構的當務之急，且市場前景看好，乃對此項業務進行投資。[7]2017年，世界資訊科技與服務聯盟（World Information Technology and Services Alliance）——代表全球 90% 的資訊與通信公司——在我的故鄉台灣台北召開年會，Inclusite 榮獲世界新興數位獎（World Emerging

7 〈關於我們〉（About Us）,Inclusite, accessed November 13, 2018. https://www.inclusite.com/about-us/.

Digital Award）。在自己追求共融之旅的起點，看到一家在數位共融上成效卓著的公司獲得肯定，我也與有榮焉。[8]

Medumo 最近贏得品質挑戰大賽（MassChallenge）——一項鼓勵新創公司追求高度影響力的競賽——也突顯了無障礙科技在高度個人化上的價值。Medumo 以醫療機構及其病人為服務對象，為病人在各種療程之前、期間及之後提供即時的自動指導與各項資料。整套「療癒之旅」（CareTours）程式不僅促成個人化，同時也縮減了管理時間。其客製化的指導文本或聲音傳達，讓幾乎每個人都可以在需要時取得所需的健康資訊。

當前與未來，科技以人為本——或以人為先——這只是少數的幾個例子。在個人化已經成為科技核心的世界，包括多元化，隨時隨地皆以無障礙為依歸，

8　同註 7。

乃是保護與營利兼具。但為實現科技的基本承諾：建立平等的通路，創造民主的環境，充分發揮人類潛能，我們也有責任。而機會就擺在眼前。

若要做到這一點，所有的企業與機構——從新創公司到科技巨人——都該去發現那些代表前景，但可能尚未納入市場考慮的人。正是這些人，這些身心障礙者和老年人，代表的是最廣泛的客戶群。也正是他們，可以幫助企業與機構推動持久的、以人為本的創新。創造一個能夠培養他們投入的工作場所是養分，也是讓我們的技術和世界變得更美好的祕訣。至於要瞭解如何打造一個環境，使所有的人都成其為最好，且讓我們先來看看在地的與全球的企業與機構心理學。

第 4 章

改變企業與機構觀點，追求突破創新：從財星 500 到影響力 500

儘管世界改變的速度從所未有，陷溺於陳舊思維模式的情況卻不少見，如果政策、作業及人員缺乏多元，以致無法預見變化與顛覆性創新，尤其會是如此。然而，在一個全球性的、相互關聯的市場中，改變我們的思維並創造進步和營利的潛力巨大。這一章，我們將顛覆傳統企業與機構智慧，探討美國在無障礙及數位共融方面成為先行者的潛能，並更進一步，討論策略上的一個關鍵點：從何處開始。

這裡先來談談企業與機構文化中一些常見的觀念，以及觀念轉變所產生的力量，如何足以改變人的行為與影響力。

理智 vs.直覺

我們都知道，極度個人化已經成為企業與機構成功的主要差異化因素。麥可．施拉格（Michael Schrage），美國麻省理工學院數位商業科技中心研究員，創新研究專家，在他的《創新者的假設：廉價實驗比好的構想更有價值》（*The Innovator's Hypothesis: How Cheap Experiments Are Worth More Than Good Ideas*）中就特別強調這一點。他說：「成功的創新者都會注重『客戶對未來的願景』，一如對現有產品與服務的願景，這一點至關重大。透過將創新視為對客戶未來願景的投資，機構可以讓客戶變得更有價值。換句話說：『使客戶更好，可以造就更好的客戶。』」[9]

9　Michael Schrage,《創新者的假設：廉價實驗比好的構想更有價值》（*The Innovator's Hypothesis: How Cheap Experiments Are Worth More Than Good Ideas*）, Boston: Massachusetts Institute of Technology, 2014.

當我們將全球十三億名身心障礙人士——相當於八兆美元的可支配所得——也納入考量，[10]其力量尤為可觀。創造無障礙科技，為身心障礙者解決問題，幫助所有的客戶活出自己的本色，可以打開尚未開闢的市場，帶來巨大利潤。

要在今天的商業世界競爭，就必須隨著客戶與消費者的需求與時共進，絲毫不能懈怠。但此一基本理念有時候卻又與一般的企業與機構思維相悖，後者傾向於思考與計畫，而非直覺與行動，到頭來，往往陷入一場接著一場的會議，層層抗拒，並憂慮採取新措施所需付出的成本。

那麼，該怎麼做呢？施拉格發現，唯實驗是問。他指出，實驗「不僅是評估創新投資成本效益的最佳

10 Robert Reiss,〈商業的新生地：身心障礙者〉（Business's Next Frontier: People with Disabilities）, *Forbes*, July 30, 2014, https://www.forbes.com/sites/robertreiss/2015/07/30/businesss-next-frontier-people-with-disabilities/#2c09a0b4104a.

途徑，在對客戶的人力資本、競爭力及能力所做的投資上，也是最具創意的探索途徑」。[11]

限制實驗的時間與成本，也可以激發強有力的想法與行動。中國有句諺語就反映了這個道理，所謂：「窮則思變，變則通。」在 IBM 工作時，我就常記取這句話，以少做多，以有限資源取得重大成果。

同理，當生活條件無法滿足所需——如同少數團體所面臨的境況——我們就得遷就於並非為自己量身打造的環境。唯其如此，這使我們變得足智多謀、勇於創新，並讓我們與面臨相似困境的他者保持同調。這就是為什麼真實的共融——接納各式各樣不同經驗、能力與觀點的人加入——可以成為顛覆性創新的主要來源。

11　同註 9。

營利 vs. 目標

在科技與商業上，真正的創新未必需要花大錢，但確實需要對人道的投資。我們千萬不要和許多企業與機構一樣，只專注於營利，而應該多方考量人的興趣、愛好、行為與互動，以找出下一步的最佳創新措施。

史帝夫・賈伯斯（Steve Jobs）就理解人類需求的價值，並以此與蘋果公司攜手破解簡約密碼，投資於人們渴望的直覺式產品，使產品與生活無縫結合。他跟著自己的直覺以及對人類互動的理解走，將這些洞察與科技結合，目標取向以顧客為尊。

彼得・哈第根（Peter Hartigan），史丹佛管理碩士，風險投資家，預見了蘋果公司的目標取向將在未來的商業界更上層樓，開始思考一個問題，要超越財星 500（Fortune 500）完全以收益與營利為考量的取向，提出了一套不同的標準：衡量公司收益的同時，也要衡量公司的對人的影響力，因而推出了他所謂的影響力 500（Impact500）：「其核心競爭優勢為社區參與、公司透明度及可信度」。[12]上榜的公司致力於改善人所在的社區，因此，在獲利上更優於以利潤為取向的同業。至於影響力 500 的理念基礎，就是追求人的價值及影響力，將會增加——而非限制——經濟價值。

短期 vs.長期

實現任何真正的改變還需要我們實施不同的時間表——這個時間表可能比我們習慣的要長。企業往往將短期獲利視為成功，但許多公司執行長，高層主管已經開始瞭解，耐心是有代價的。舉例來說，2018

12 〈創新人類未來的工作〉（Innovating a Human Future of Work），*Encyclopedia*, Accessed September 19, 2018, http://i4j.info/encyclopedia/pete-hartigan/.

年 8 月，伊隆・馬斯克（Elon Musk），這個時代公認最有創意的人之一，就在推特上揚言，要將特斯拉（Tesla）私有化，理由是股票市場過於短視，耽溺於短期結果。[13]

在社群媒體發表聲明後，馬斯克向特斯拉員工發送了一封電子信，解釋說，股價的波動及對季度收益的關注「給特斯拉帶來巨大壓力，所做決策或許對季度正確，但對長期未必正確」，他說：「我從根本上相信，當每個人都專注於工作，繼續專注於我們的長期使命，沒有扭曲的動機鼓動大家傷害我們努力要成就的目標時，我們的狀態是最好的。」[14]

---

13 Neal E. Boudette and Matt Phillips,〈伊隆・馬斯克說特斯拉或許會私有化，股價隨即飆漲〉（Elon Musk Says Tesla May Go Private, and its Stock Soars）, *New York Times*, August 7, 2018, https://www.nytimes.com/2018/08/07/business/tesla-stock-elon-musk-private.html.

14 伊隆・馬斯克，〈私有化特斯拉〉（Taking Tesla Private）, Tesla, August 7, 2018, https://www.tesla.com/blog/taking-tesla-private?redirect=no.

馬斯克推文一發，公司股票應聲上揚，因此還引發了一陣他是否真會將特斯拉私有化的猜測，儘管如此，他的擔憂卻提出了一個重要觀點：長期思考的重要性。一切以短期利益最大化為依歸，往往會犧牲了長期利益。

偏向短期所造成的負面影響可能需要數年才會顯現，尤其是在科技方面，其回應速度短至十億分之一秒。只要一按鍵，Google 就可送出千萬條搜尋結果，但這種創新對人類的長期影響卻很難預測。舉例來說，社群媒體發展至今，越來越成為日常生活的一部分，意想不到的社會挑戰如網路霸凌與假新聞也隨之出現。新的設計不斷推出，會對今日、明日乃至多年後產生什麼樣的影響，實在需要高度關注，不宜掉以輕心。

灌輸 vs.感受

構思目標以及達成目標的政策與作法，也有必要納入考慮。群體迷思困擾大部分美國社會。無論時尚、飲食、運動或商業原則，都會有一股順應潮流的壓力。當我懷上第一個孩子時，我沒有鑽研有關懷孕與分娩的各種資訊，而是選擇感受，傾聽自己身體的聲音，而不是成千上萬專家的意見。但對我沒讀正確的懷孕與分娩書籍，朋友與同事卻都大不以為然，毫不掩飾他們的失望。

不讀「正確的」書，沒得出一個「正確的」結論，很容易就會讓人覺得自己是個異類。做生意也是如此，人們總是被灌輸「正確的」經營方式，卻很少考量個人情況的差異或客戶的需求。但未來的商業與科技既然比過去更為個人化，一般僵化的商業理念，往往限制不屬於多數的人進入或參與市場，就應該予以摒棄。唯有將人的需求與利益納入企業與機構的優先考量，不再灌輸所謂的成功處方，方能促進共融及利潤永續。舉例來說，掌握數十億美元投資資金的風險投資公司，如果將數位共融納入其融資標準，結果將會是如何？這一小小的轉變可以改變整個企業與機構及無障礙的格局，將一個受到忽略的市場納入，為營收創造出一條新的通路。

凡事跟著自己的感受去試探，也可以使自己免於群體迷思的負面影響。上一章，談到過同質化的程式設計師對科技產出的影響，其中之一是將個人有限的視角植入科技。有限的視角也會影響到營收。舉例來說，2018 年 2 月 5 日，道瓊工業指數創下歷年來單日最大跌幅。此一暴跌有可能是由於自動止損訂單造成的，該訂單透過在股價開始下跌時觸發出售來防止損失。在這種情況下，無數的機器會根據設計人事先下定的程式，全都同時動起來。專家認為，類似這種策略自動化群體執行的盛行，未來更有可能使股市出現劇烈波動，導致一場可能損及投資者利益的意外。[15]

此外，當人的偏見——有意識地或無意識地——被編入科技結構中時，也可能會造成一個更大的問題：無意中助長了歧視與不平等的文化。自動決策系統具有許多功能，從確定信用評等到預測被判有罪的人是否再犯。利用這類工具可以消除人際交往中出現的人為偏見，但若未考慮程式背後的人為影響，結果可能適得其反。

譬如，2015 年《消費者報導》（*Consumer Reports*）的一項調查發現，汽車保險公司的自動系統居然將最低保險報價給了高信用評等的人，而不是給優良駕駛人。駕駛紀錄完美但信用評等低的人，相對於信用良好但曾經被判酒駕有罪的人，居然要多付

---

15 Stephanie Yang,〈當機器（與人）決定立刻賣出時〉（When Machines [and Humans] Decide to Sell at Once）, *Wall Street Journal*, September 3, 2018, https://www.wsj.com/articles/when-machines-and-humans-decide-to-sell-at-once-1535976000.

1552 美元。[16]程式設計師在系統中植入了自己先入為主的觀念，系統也就照章行事。

這種自動迴路越是經過強化，就越難以消除，所造成的損害也就越大。在這個個案中，科技的人為偏見有可能助長貧困，拉高低收入的保險費，造成高債務與低信用的惡性循環，對當事人的生活造成方方面面的影響。[17]

許多公司都開始意識及處理這類問題了，教導機器考量各種不同的因素，以促成更公平和公正的待遇。IBM 的 AI Fairness 360 就是一個例子：「是一套全面的開源（open-source）數據工具，用以檢查資料集（datasets）及機器學習模型（machine learning models）中無用的偏見，是減少這類偏見的最先進演

---

16 Cristina Couch,〈機器中的魔鬼〉（Ghosts in the Machine）, *Nova Next*, October 25, 2017, http://www.pbs.org/wgbh/nova/next/tech/ai-bias/.

17 同註 16。

算程式」。[18]公平公正的意識要從一開始就培養，等到事情出了問題再來糾正，徒然浪費時間和金錢。當然，這一切都有賴於決策與投資。幸運的是，美國具備了支持這種轉變的法律基礎。

提升無障礙：全球（和個人）的當務之急

1990 年，美國通過《美國身心障礙者法案》（Americans with Disabilities Act [ADA]），為無障礙環境設定了標準，禁止歧視身心障礙者，確保其在就業、交通、購物、通訊及政府計畫與服務上享有公平待遇，同年 7 月 26 日，喬治・布希（George H.W. Bush）簽署成為法律，並視之為任內最大成就

---

18 〈介紹 AI Fairness 360〉（Introducing AI Fairness 360）,IBM, September19, 2018. https://www.ibm.com/blogs/research/2018/09/ai-fairness-360/.

之一。[19,20]

美國的立法開風氣之先，影響所及，聯合國通過了《身心障礙者權利公約》（Convention on the Rights of Persons with Disabilities [CRPD]），為二十一世紀此類公約首開其例，將身心障礙者的權利位階從公民權提升至人權：「將身心障礙者提升至一新的高度，從視其為慈善、醫療及社會保護的『客體』，提升至視其為擁有權利的『主體』，有能力主張這些權利，並為自己的生活做出決定。」[21]此一公約於 2002 至

---

19 《美國身心障礙者法案》（Americans with Disabilities Act）, Us Department of Labor, Accessed September 19, 2018, https://www.dol.gov/general/topic/disability/ada.

20 《喬治・布希：美國第四十一任總統》（George H.W. Bush: 41st President of the United States）, Academy of Achievement, accessed September 19, 2018, http://www.achievement.org/achiever/george-h-w-bush/.

21 《身心障礙者權利公約》（Convention on the Rights of Persons with Disabilities [CRPD]）, United Nations, accessed September 19, 2018, https://www.un.org/development/desa/disabilities/convention-on-the-rights-of-persons-with-disabilities.html.

2006 年間，歷經八次協商通過，是史上最快速協商通過的人權條約，[22]也是人權條約首次討論科技在創造公平競爭上的重要性——詳見公約第九條。

《身心障礙者權利公約》得以成形，我親身參與其事。話說從頭，則要從我投身全球資訊與通信科技共融倡議（G3ict, the Global Initiative for Inclusive Information and Communication Technologies）說起。G3ict 為一非營利組織，旨在促進身心障礙者在數位時代的權利。2006 年，阿克塞・勒布盧瓦（Axel LeBlois，G3ict 總裁兼創始人，一位成就卓著的法國商界高階主管）、路易士・加列戈斯大使（Luis Gallegos，G3ict 理事會主席，厄瓜多爾常駐聯合國代表）與我，在位於聯合國旁邊的千禧大酒店（Millennium Hotel）大廳碰面，共同出席 G3ict 的首

22 同註 21。

次大會。[23]我們三人，不同國籍，不同職業，但追求同一個目標：為促進全球身心障礙者的數位權利做點有意義的事。

在《身心障礙者權利公約》的推動上，加列戈斯大使為主要發起人之一，而我則扮演發聲的角色，2006 年在聯合國發表一次關鍵性演說，強調人權的擴充有利於商業發展。當天，穿過聯合國的重重門戶，心裡浮現的是父親在聯合國做過的工作。母親說得沒錯：比起兄弟們，我更像父親，有機會能夠追隨父親的腳步，我心懷感激。

2007 年 3 月，《身心障礙者權利公約》開放簽署，至 2008 年，經 177 國批准，並制定成為政策。

---

23 G3ict,〈數位無障礙領域的全球思想領袖 Frances West 出任 G3ict 戰略與發展委員會主席〉（Frances West, Global Thought Leader in Digital Accessibility, to Chair G3ict Strategy and Development Committee）, press release, July 7, 2016, http://g3ict.org/news-releases/frances-west-global-thought-leader-in-digitalaccessibility-to-chair-g3ict-strategy-and-development-committee.

由於條約明訂無障礙科技為公平社會所必需，一經參與國簽署，也就成為該國承諾的一部分。

我們幾個參與公約制定的人都希望，美國能夠成為主要的參與國，為世界其他國家繼續扮演領頭羊的角色。然而，儘管歐巴馬政府已在 2009 年簽署該公約，確認公約的價值，但美國參議院卻未予通過，使美國成為利比亞、不丹、烏茲別克及吉爾吉斯之外少數幾個尚未批准公約的國家之一。[24]

儘管美國尚未批准《身心障礙者權利公約》，我們仍有取得進展的歷史與基礎。美國的法律——包括《美國身心障礙者法案》及 1973 年《康復法案》（Rehabilitation Act）修正案，508 條例，規定聯邦政府所開發、採購、維護或使用之電子及資訊科技必須方便身心障礙者無障礙使用——都強調無障礙與共融的必要性。儘管 508 條例不適用於企業，但它可以規

24　同註 23。

定任何與聯邦政府有業務來往的公司或組織都必須遵守此一方針，採用完全無障礙科技。[25]而所謂「無障礙」，指的是：要讓身心障礙者使用起來如同非身心障礙者一般。[26]

美國各州也開始通過類似的無障礙立法，加利福尼亞、紐約、麻薩諸塞及德克薩斯走在最前頭。此外，借助社群媒體，人們對《美國身心障礙者法案》及其賦予他們的權利有了更好的瞭解。有了強有力的基線，我們可以而且應該繼續提高無障礙標準，但我們必須努力跟上其他國家的進步。

主動出擊，搭配科技

針對此一日益受到重視的問題，有些國家從根本

---

25 Margaret Rouse,〈五〇八條例〉（Section 508）, TechTarget, accessed November 1, 2018. https://searchcio.techtarget.com/definition/Section-508.

26 同註 25。

上做起，制定法令與政策以確保有法可以遵行。加拿大就剛推出了首部無障礙法令，《加拿大無障礙法》（Accessible Canada Act），目標在於消除無障礙的障礙，亦即「無論建築、物品、科技或心態，妨礙身體、精神、智能、學習、溝通或感官障礙者充分參與社會的障礙」。[27]

消除障礙固然是一個好的開始，有些國家卻已經開始採取更積極、更創新的作法。澳大利亞正在進行一項名為「國家身心障礙保險計畫」（National Disability Insurance Scheme [NDIS]）的實驗，目標在於讓身心障礙者有能力決定自己的需要。

這類服務身心障礙者的補助，政府通常是交由協力廠商——譬如州的行政官署——管理。但澳大利亞的作法卻不同，由於政府本身就是計畫的一部分，政

---

27 Michelle McQuigge,〈加拿大首部全國無障礙法在渥太華頒布〉（Canada's First National Accessibility Law Tabled in Ottawa）, *The Canadian Press*, June 21, 2018.

府直接將錢發給身心障礙公民，肯定他們不僅有權利也有能力為自己的照顧做決定。

為了促進國家轉向新的系統和新的思維方式，澳洲政府正在試驗新技術：幫助人們做出選擇的虛擬助理。 他們與奧斯卡金像獎得主馬克・賽格（Mark Sagar，《阿凡達》和《金剛》等大片背後的人工智慧工程師）以及身心障礙者、護理人員、倡議團體和其他利益相關者合作，創建了友好的虛擬助理 Nadia。Nadia 擁有由女演員凱特・布蘭琪（Cate Blanchett）提供的溫暖聲音，這使她對用戶有吸引力，而 IBM Watson 團隊的技術使她能夠傾聽、回應並從每次互動中學習。[28]由於能力超強，國家身心障

---

28 Andrew Probyn,〈由凱特・布蘭琪配音的 NDIS 虛擬助理 Nadia，在最近的人口普查和自動債務索償系統失誤後停用〉（NDIS' Virtual Assistant Nadia, Voiced by Cate Blanchett, Stalls After Recent Census, Robo-Debt Bungles）, ABC, September 21, 2017, http://mobile.abc.net.au/news/2017-09-21/government-stalls-ndis-virtual-assistant-voiced-by-cate-blanchet/8968074.

礙保險計畫每週由人工現場接聽的六千通電話，許多都由 Nadia 代勞，一年為澳大利亞政府節省了七百八十多萬美元。[29]

儘管科技仍有發展的空間，計畫也碰到了一些挑戰，但澳大利亞致力於創新，並藉此改善服務，擴大影響，節約成本，充分證明瞭從一開始就將無障礙科技融入業務及科技的巨大潛力。像這樣的一項計畫當然存在著風險，但其回報的潛力也不容小覷。

從基礎開始做起

瞭解了無障礙的諸多好處——法律的、道德的、文化的、創新的等等——之後，肯定其價值之餘，接下來需要思考的則是如何使其付諸實現。其中一條途徑就是無障礙優先化的入口：教育。

29　同註 28。

大學對社會的影響，有如風行草偃。有了這樣的認知，大學也就開始調整作法，他們明白，若對來自社會各階層的學生敞開大門，無異於創造一個讓更多人得以成功的環境。普林斯頓大學如今就改變其財務援助方案，使各種不同社經背景的人可以入學，並整合校方體制，讓 82%學生畢業時無負債。[30]紐約大學醫學院最近也宣布，在校生與未來的學生免收學費，旨在解除醫學教育巨大的經濟負擔，鼓勵醫師攻讀家醫科及小兒科等重要但收入較低的專業。[31]但廣納學生並予以多元化之餘，也應該要思考的是：要教他們什麼。

說到人對商業決策的影響，最先讓人想到的，就

---

30 〈人人讀得起〉（Affordable for All）, Princeton University, accessed September 19, 2018, https://www.princeton.edu/admission-aid/affordable-all.

31 David W Chen,〈驚奇的禮物：紐約大學醫學院學生學費全免〉（Surprise Gift: Free Tuition for All NYU Medical Students）, *New York Times*, August 6, 2018.

是那些最有可能高踞高階主管職位的人：商學院學生。

在我的職業生涯中，曾經到哈佛的華頓商學院及另外一些培養過許多商業領袖的名校進修高階管理，由此我也理解到，許多傳統的商業思維正是來自這些地方。矽谷科技公司、風險投資公司、對沖基金及全球性組織的負責人，許多都曾就讀於這些頂尖的商學院，拜在與自己背景相似的名師門下，思想與行為都受他們的影響。由此可見，在企業與機構領袖思維模式的塑造上，商學院扮演何等重大的角色，也正因為如此，在教育一代高階主管成為主要決策者之前，就必須教導他們思考目標與營利的一體性。

科技也是此一體系的一部分，因為，多數的商業平台都脫離不了科技。在必修的電腦與資訊課程中，無障礙與數位共融都應該列入核心教學，然而，開設無障礙設計或程式課程的大學卻少之又少。相反地，多數的用戶體驗（user experience，UX）課程都只考慮非身心障礙的使用者。

努力達成無障礙體驗，不僅僅只是為了守法而已，更是要確實可以使用：網站與程式並不只是做到無障礙的工具，同時也要具備合理性，為任何使用者透過任何途徑提供搜尋的便利。唯其如此，藉助於這些工具，才能夠在工作、娛樂及日常生活中其他重要方面體現真正的平等。如麥可．施拉格所說，幫助顧客使其感覺更好，造就更好的顧客，而在集體意識中培養此一重要的觀念，則要從課堂開始。

評估研究的方法

要將無障礙原則深植於社會，另外一條途徑是訴諸研究，透過研究，增進對世界的瞭解。人類所做的工作，絕大部分都是為一般人服務，但若擴大眼界，將各種不同的人納入，受益的就是每一個人。更重要的是，若能利用研究調查將無障礙發展成為一種具有競爭力的利基，也就可以說服那些在共融實踐上猶豫不決的領導人，拓展他們的思維。

心懷此一理念，我找上了珍妮佛・勒納博士（Dr. Jennifer Lerner）。珍妮佛是哈佛甘迺迪政府學院（Harvard Kennedy School of Government）公共政策及管理教授，也是哈佛決策科學實驗室（Harvard Decision Science Laboratory）的聯合創辦人。我們兩個都瞭解，商業與科技的決策及管理流程率皆出自高層，因此開始腦力激盪，探討一項以人為本的研究是否可行。譬如說，是否可以結合哈佛甘迺迪學院與商學院的學生，共同發起一項研究，針對共融就業（inclusive employment），探討決策高層的想法，以確定行為科學是否能夠以及如何能夠改變他們對這方面的理解，進而協助他們採取行動，在組織中加以培養落實？這種結合人類思維與決策科技的研究，在企業與社會的形塑上有其潛力，進而可以影響政府政策，推動有助於目標與營利一體的創新策略。

當前社會中，多元與共融面對種種挑戰，譬如上述在美國常見的商業思維。但許多推動共融變革的重大機會也已經浮現，其中包括促進共融的法律已經上路，共融思想納入頂尖商學院課程及資訊電腦程式的風氣漸開，以及以人為本的決策科學與行為研究潛力十足。為今之計，只要集中力量，將實現此一變革所必需的多元聲音納入也就水到渠成了。

第 5 章

徵才作業以人為本，科技為輔：勿讓人工智慧淘汰了適當人選

回首往事，1979 年在肯塔基州萊辛頓（Lexington）IBM 的第一次面試，歷歷在目。時當四月，氣候宜人。面試的時間訂在星期一，之前的整個週末，我不斷練習面試官的名字：弗萊德斯多夫、弗萊德斯多夫、弗萊德斯多夫三個複雜的音節，對我來說還真是陌生。心想，定要彬彬有禮，定要盡可能完美地說出：「嗨，弗萊德斯多夫，很高興見到您。」又和丈夫練習握手，定要握得恰到好處，縱使言語不濟，也能因此見出我的能力。

終於見面了，法蘭克．弗萊德斯多夫，白人，德國裔，坐我面前，而我，一個中國女子，還在努力掌握英語。緊張兮兮的，但面對面坐下，便感覺到了對

話的節奏。儘管吞吞吐吐，遍尋正確的字眼，心裡卻明白，弗萊德斯多夫並未對我感到不耐，而是全神專注於對話，這也增強了我的自信。這種人與人的溝通與反饋使我充分發揮了自己的能力，並給了我一個公司的職位，度過自己的大半生。

對多元與共融的百年承諾

當時，儘管我自己並不知道，弗萊德斯多夫先生與我的面試，以及他給機會讓我一試的意願，已經反應了 IBM 長期以來對多元與共融的承諾。1899 年，IBM 雇用了第一個非裔美國人，1914 年，雇用了第一個身心障礙者，比 1964 年的《美國民權法案》及 1990 年的《美國身心障礙者法案》都要早上數十年。1943 年，任用了公司首位女性副總裁，1953 年，成為第一家規定雇用員工不得考慮種族、膚色或信仰的美國公司，此一不歧視政策後來擴大到包括

「宗教、性別、性別認同或表現、性取向、國籍、遺傳、身心障礙及年齡」。[32]

IBM 一直在為無障礙科技設定標準，發明了第一台點字印表機、聲控打字機、聲控終端機，過去多年來，取得五百多項無障礙科技的美國專利。[33]但科技進步之外，最大的成就——坦白來說，這也是著眼於品牌區隔的競爭——則是透過無障礙科技「落實」了共融。

這裡所謂的「落實」，又是什麼意思呢？若依我的認知，指的是以企業或機構的層級採取整體的、創新的措施，解決無障礙的需求。在為個人創造方便使用的輔助科技方面，IBM 劍及履及。最近的例子是

---

32 〈IBM：多元與包容文化〉（IBM: A Culture of Diversity and Inclusion）,YouTube 影片, 2:27, September 20, 2017, https://www.youtube.com/watch?v=KRZi-Gy7u7E&app=desktop.

33 〈無障礙員工〉（The Accessible Workforce）, IBM, accessed November 5, 2018. http://www03.ibm.com/ibm/history/ibm100/us/en/icons/accessibleworkforce/breakthroughs/.

NavCog，一種與卡內基·梅隆感知輔助實驗室（Carnegie Mellon's Cognitive Assistance Laboratory）合作開發，使用人工智慧雲（Al Cloud）科技，為視障者設計的搜尋感知輔助。這項創新純粹是為支援整個公司的無障礙系統而開發。[34]

舉例來說，IBM 是一家美國聯邦政府承包商，按照 508 條例，聯邦政府合同有一項規定，在採購過程中，每家公司都必須通過〈自願產品無障礙範本〉（Voluntary Product Accessibility Template, VPAT），聲明其產品的無障礙狀態。〈自願產品無障礙範本〉是一份由廠商自行填寫的表格，廠商須一一說明其產

34 〈NavCog〉, Cognitive Assistance Lab, accessed November 1, 2018. http://www.cs.cmu.edu/~NavCog/navcog.html.

品符合 508 條例的要求。[35]IBM 為了簡化此一過程，開發了一套核對系統，追蹤數千種 IBM 產品及其符合規定的狀態。由於這項系統是自動化的，經過調整也可以納入其他國家的標準，例如歐盟的 EN 301 549。[36]

其他的例子還包括 IBM 自動化無障礙及內涵檢查系統。這些工具旨在協助程式師開發新軟體、解決方案及應用程式時，檢查他們成品的無障礙狀態。這一點非常重要，因為，隨著 DevOps（Develop-Operation，開發—使用）週期變得越來越短，開發完

---

35 〈自願產品無障礙範本〉（Voluntary Product Accessibility Template）, NC State University: IT Accessibility, accessed November 2, 2018, https://accessibility.oit.ncsu.edu/it-accessibility-at-nc-state/developers/accessibility-handbook/overview-understanding-the-nature-of-what-is-required-to-design-accessibly/voluntary-product-accessibility-template-vpat/.

36 〈IBM 無障礙核對表：第七版〉（IBM Accessibility Checklist: Version 7.0）, IBM, accessed November 1, 2018, https://www.ibm.com/able/guidelines/ci162/accessibility_checklist.html.

成後的無障礙測試及驗證的難度會越來越高。

由於無人看管，許多程式師會跳過無障礙狀態的測試。但在開發週期中，手邊有了這套自動化工具，確保符碼與數位內容處於無障礙狀態就簡單多了，並成為開發過程中直觀運用的一部分。最重要的是，這樣的系統可以確保設計及開發人員守住 IBM 組職無障礙的一項主要目標，亦即：利用科技創新協助創造公平的競爭環境，為所有人提供所需的環境，發揮最大的潛能。

無障礙的影響及於每一個人，這項我稱之為「社會性的科技創新」，也是大家應該攜手走完的一段路程。因此，IBM 及其他從事這項工作的個人與公司，必須主動與其他組織分享自己的知識，才能同心協力推動向前。

在標準這件事情上，人與組織都可以採取具體行動。在全球無障礙標準上，IBM 就一直扮演領導角色，推動開發普世可用的科技，並與全球資訊網協會

（World Wide Web Consortium, W3C）合作，支援其所發起的網路無障礙倡議（Web Accessibility Initiative），為全世界的無障礙科技標準制定指導方針，並提供相關的教育資源與研究，為未來無障礙的更上層樓做出貢獻。[37]

IBM 對無障礙的承諾及其改變生活的力量，在海倫．凱勒（Helen Keller）1952 年寫給 IBM 創辦人湯瑪士．華森（Thomas Watson）的信中，具體而微地表露無遺：「華森先生，在這裡，我要向您深致謝意，感謝您以一介平民秉持啟蒙精神，鼓勵您的工程師，為追求各種生涯的盲胞設計機器與電子輔助系統。透過創新，為這些身處暗牆內的人，您打開的出口越多，他們對公共服務——無論身為生產勞工或社會服務人員——所做出的貢獻越大。」[38]

---

37 W3C,〈關於 W3C WAI〉（About W3C WAI）, accessed October 3, 2018. https://www.w3.org/WAI/about/.

38 海倫．凱勒致湯瑪士．華森信函，October 16, 1952.

投資開發人的潛力

眼見那麼多人的潛力遭到社會忽視，華森全力支持真實的共融。他相信，用人多元化並創造工具協助他們成功，可以提升 IBM 領袖市場的實力，使公司走上共融之路，迄今持續不輟。在我看來，IBM 成立 107 年，在科技這個競爭最激烈的行業中之所以仍能夠保有一席之地，此一因素功不可沒。

現行的研究顯示，他完全正確，在在證明，相較於用人多元較低的公司，用人多元的公司在許多方面都遙遙領先。麥肯錫（McKinsey）的研究發現，在用人上，種族與人種最多元的公司，相對於多元較低的同業，財務回報高出 35%；性別多元最高的，財務回報則高出同業 15%。

此外，身心障礙員工——其背景與經歷各異——經證明能夠「建立更真實、更忠誠、更有創意的企業與機構文化」，並以各自的視角和能力為公司做出傑出的貢獻。[39]埃森哲（Accenture）與美國身心障礙者協會（the American Association of People with Disabilities [AAPD]）及 Disability:IN 合作的研究顯示，身心障礙員工也拉高了損益底線。研究發現，投資為身心障礙員工建立共融環境的公司，相較於共融較低的同業，收入高出 28%，淨收入則高出一倍，經濟利潤率高出 30%，股東回報也更好。[40]

另外，還有合法性的問題，法律規定必須雇用身心障礙員工。美國公平就業委員會（The US Equal Opportunity Commission）2018 年的目標要求：所有聯邦機構員工的 12%及聯邦簽約廠商員工的 7.5%，

39 Robert Reiss,〈商業的新領域：身心障礙者〉（Business's Next Frontier: People with Disabilities）, *Forbes*, July 30, 2015,https://www.forbes.com/sites/robertreiss/2015/07/30/businesss-next-frontier-people-with-disabilities/#3234f1b6104a.

40 Denise Brodey,〈身心障礙者要的是薪水而不是同情：企業如何提供幫助〉, *Forbes*, November 2, 2018, https://www.forbes.com/sites/denisebrodey/2018/11/02/people-with-disabilities-want-paychecks-not-pity-heres-how-businesses-are-helping/#53324236533c.

必須是身心障礙者，更要求聯邦員工的 2%必須是智力障礙者。但如上述所提到的，頂級的公司其員工多元的程度遠遠超過法律要求，且已經因此而獲利。[41]百事可樂、美國運通及許多其他公司紛紛主動出擊，起用更多的身心障礙者，改善自身的文化、理念並取得財務上的成功。2013 年，百事可樂啟動「百事同心，共創新局」運動，雇用身心障礙者擔任公司各種不同角色。馬諦・畢恩（Marty Bean）響應湯瑪士・華森的創舉，說公司明白「此舉並非單純為雇用身心障礙者，而是為工作雇用適當的人」。[42]

個體差異所帶來的成就也不同凡響。比如說神經

41 美國平等就業委員會（US Equal Employment Opportunity Commission），〈平等就業機會委員會發布聯邦政府參與殘疾人平權行動義務的規定〉（EEOC Issues Regulations on the Federal Government's Obligation to Engage in Affirmative Action for People with Disabilities）, news release, January 3, 2017, https://www1.eeoc.gov//eeoc/newsroom/release/1-3-17.cfm?renderforprint=1.

42 同註 39。

多樣性（neurodivergent）的人，如讀寫障礙、注意力不足過動症、自閉症，在某些極為可貴的能力上如數學、記憶力及模式識別，往往具有極高天賦。而這些能力對目前人才短缺的理工領域尤其重要。[43]

除了這些神經多樣元性人才所具備的創新理念及可貴能力，今日的勞工也期望多元與共融的文化。2017 年，德勤公司（Deloitte）針對多元所做調查指出，80%勞工表示，他們很在意工作場所的共融，39%的人說，如果找得到一家比較重視共融的公司，他們會跳槽。[44]其他公司也已經注意到了此一現象，

---

43 Robert Austin and Gary Pisano,〈神經多元者的競爭優勢〉（Neurodiversity as a Competitive Advantage）, *Harvard Business Review*, May–June 2017, https://hbr.org/2017/05/neurodiversity-as-a-competitive-advantage.

44 Jane Foutty, Terri Cooper, and Shelly Zalis,〈共融當務之急：領導統御新解〉（The Inclusion Imperative: Redefining Leadership）, *Wall Street Journal*, September 4, 2018, https://deloitte.wsj.com/cio/2018/09/04/the-inclusion-imperative-redefining-leadership/https://deloitte.wsj.com/cio/2018/09/04/the-inclusion-imperative-redefining-leadership/.

凱文・考克斯（Kevin Cox），美國運通人力資源部長就表示：「讓身心障礙者覺得我們的產品與服務重視他們及他們的需求，是很重要的。這一點不僅是對客戶如此，對員工也是如此。」[45]

多元員工帶來諸多優點，越是瞭解這一點，就應該越要善用那些想法與作為跳脫窠臼者所具備的巨大潛力，確保他們能夠加入進來。而要做到這一點，在人才的招聘上就必須小心，任何會造成公司遺珠之憾的障礙——無論是人為的還是機器造成的——都要納入考慮。

現行徵才作業中的無心之失

人才招聘原本純粹都是人在處理。面試的面對面互動曾經是整個流程中很重要的部分，無非是要補簡

45　同註 44。

歷或求職信之不足。也正是這種人與人的互動，才讓弗萊德斯朵夫多看中了我。

時至今日，多數的工作應徵都在網路進行，求職者是否及何時可以與面試者見面，一切都由機器決定。儘管科技與系統化使招聘流程更有效率也更便捷，但將決定權交給機器所造成的影響，還是必須加以留心在意，而人給機器所設的程式無論對事或對人難免有所疏漏，也應該納入考慮。

首先，如果網路徵才不具備無障礙條件，弱視或盲人這樣的身心障礙者——即使大有用於公司——甚至不得其門而入。如今，讓各種不同才能的人上網，可用的工具甚多。雇主若捨此不為，應徵網站上不設置無障礙功能，使身心障礙者遭到排除，以現今這個時代來說，那就太說不過去了。

遺憾的是，有些人甚至已經完成上網應徵，跨過了第一道門檻，結果卻發現，竟然不是因為自己犯錯而無法進入下一關。網路應徵之晉級或淘汰，往往與簡歷及求職信中的關鍵字有關。在這種情況下，雇主找不到自己所認同的關鍵字，有可能是出於雇主自己的認同及偏見，與應徵者的條件無關。舉例來說，在以男性為主的工作領域，徵人廣告中就常出現屬於男性的字眼，如「領導」、「競爭」及「捍衛」。[46]如果用同樣的字眼來挑選進入下一階段的應徵者，高度符合資格的女性應徵者就有可能於無意中遭到排除。

年長應徵者往往也會碰到同樣的障礙，自動化系統可能會剔除具有多年豐富經驗的應徵者，或只側重使用科技導向關鍵字或語言的應徵者。[47]

少數通過網路應徵的人，面試時首度與人接觸，

---

46 Justin Friesen, Danielle Gaucher, and Aaron Kay,〈徵才廣告中性別詞語仍然造成性別不平等的證據〉（Evidence That Gendered Wording in Job Advertisements Exists and Sustains Gender Inequality）, *Journal of Personality and Social Psychology* 101, no. 1 (2011): 109–128.

47 Jon Shields,〈年齡歧視：老年求職者對上『年輕帥哥美女』時〉（Age Discrimination: Older Applicants vs. ‘Young Pretty People,）, Jobscan, March 5, 2018. https://www.jobscan.co/blog/age-discrimination-older-applicants-vs-young-pretty-people/.

也可能面對另一番挑戰。溝通互動方式不同的人，例如神經多元的應徵者，有可能發現，典型的面試過程並不能有效評估自己的才能。到頭來，人力資源部及招募經理眼中的「缺乏文化契合度」，有可能讓一些「怪咖」被摒於門外，而正是這些怪咖的點子，有可能為雇主帶來巨大效益及收益。

既要避免招聘過程中的反淘汰，就必須思考所使用的系統，包括科技的與其他方面，確定其是否真能達到預期的目的，如果答案是否定的，就必須及時嘗試不同的方法，更準確地評估應徵者的才能與契合度。譬如微軟公司，有鑑於自閉症者不乏獨到的洞察力，可以為公司帶來貢獻，乃於 2015 年啟動了自閉症者聘用計畫。面試慣用的問答方式可能不利於有自閉症的應徵者，微軟棄而不用，自行開發了一套多階段才能評估方案，更準確地觀察應徵者的才能與協作能力。[48]透過此一獨有的方式，參與者獲得許多機會，展示自己能夠在哪些方面為公司做出貢獻。

就業公司（Work Inc.），新英格蘭一家非營利組織，其使命為「確保所有身心障礙者的才能得以成長，有權自做選擇，接受教育，並藉由有意義的工作參與社區生活」，並使用一套完整的評估程式分析個人的能力。公司開辦一項計畫，名為「就業之路」（Pathways to Careers），是一項對任何障別重度障礙者開放的創舉，觀察個人的技能與興趣以確定適合的工作。

由於計畫的彈性與個人化，身心障礙者即使看起來不完全符合書面標準，仍得以找到自己勝任的角色。舉例來說，有一名應徵者看上了一份工作，雖不

---

48 Microsoft,〈包容身心障礙者應徵〉（Inclusive Hiring for People with Disabilities）, accessed September 28, 2018, https://www.microsoft.com/en-us/diversity/inside-microsoft/cross-disability/hiring.aspx.

符合需要具備高中學歷的要求，但他曾獲頒鷹級童軍（Eagle Scout，譯註：鷹級童軍是美國童軍的童軍階段計畫中，所能拿到的最高成就或進程。鷹級童軍的設計於 100 多年以前開始形成，首名鷹級童軍於 1912 年產生。只有 4%美國童軍在經過漫長的審核過程後才能晉級。達到此進程的要求必須要耗費數年），具備領導、獨立、團隊合作及堅韌不移的特質。通過就業之路的整個流程，招募經理發現了他這方面的優點，認可他足以擔任此一職務。但話又說回來，若是透過自動化系統加以篩選，光是高中學歷這一關，在初選中他就已經淘汰出局。

幸運的是，將這種非常個人化的招募方式融入科技中，今天已經能夠做到。程式設計可以使系統做更寬廣的「思考」，辨識非常態的經驗與技能。但不管怎麼說，最重要的還是要以個人為出發點，提升心態與流程的無障礙高度。

切勿一次處理一大批人，而要建立一套針對特定人選的系統，隨時留意其發展，重估並修正其功能。

總之，要把無障礙的處理視為一個整體，從一開始就為招募作業及其共融性設置多重途徑。唯其如此，既可以節省時間與經費，又可以確保不致因為系統缺失，無法辨識高度符合資格者的才能而予以排除，造成遺珠之憾。

徵才共融擴大人力資源

在一個日益以人為本並以科技驅動的世界，一切發想與創新就要以人為起點。既要反映客戶與消費者的需求，創造他們所想所需的產品與服務，人才庫就必須盡可能多元。許多領導人都瞭解此一重點，至少表面如此。世界大型企業聯合會（Conference Board）最近針對全球高層主管的調查顯示：「人才與科技如今已是高層主管的首要問題，超越了網路安全、醫療保健及全球貿易威脅。」[49]但很重要的一點是，在多元人才的培養上，系統的建立必須具備協助而非妨礙的功能。事情就是這麼簡單。

徵才網路與作業背後的科技精益求精，這是一個好的開始，但全心接納真實的共融，還需要更進一步。公司的成功，人才與科技扮演重要的角色，既然瞭解了這一點，理所當然地，在各種不同人才的篩選上，領導階層，包括首席執行長、資訊執行長、科技執行長及其他高階主管，就必須扮演更積極主動的角色。

但在組織中要實現這一點，多數高階主管還有長路要走。之前提到德勤公司所做的研究顯示，儘管現今的雇主極度重視多元與共融，也都有意願在現行的

---

49 Jeanne Meister,〈工作的未來：人工智慧時代三種人力資源新角色〉，*Forbes*, September 24, 2018, https://www.forbes.com/sites/jeannemeister/2018/09/24/the-future-of-work-three-new-hr-roles-in-the-age-of-artificial-intelligence/#7c9e0e2d4cd9.

組織中建立更為共融的文化，但並不認為他們的主管也都認同此一理念。在多數的勞工看來，以共融為公司的價值雖然受到歡迎，卻從未被視為企業的當務之急。[50]

多元為成功之本，既然大家都明白這層道理，員工也樂見主管接納共融，高階主管自應以身作則，在整個組織中推展此一至關重要的運動，切勿為多元擔心這擔心那，將事情塞給人力資源及法務部門。關鍵所在，要以徵才為始，並貫徹及於公司各個方面——從科技基礎設施到可用的便利設施及公司文化。把這些謹記於心，再來討論如何建立一個環境，支持員工的多元，鼓勵個人將自己的成功建立於整個組織的利益上。

---

50 Deloitte,〈共融當務之急：領導統御新解〉（The Inclusion Imperative: Redefining Leadership）, *Wall Street Journal,* September 4, 2018, https://deloitte.wsj.com/cio/2018/09/04/the-inclusion-imperative-redefining-leadership/https://deloitte.wsj.com/cio/2018/09/04/the-inclusion-imperative-redefining-leadership/.

第 6 章

尊重每個人不同的才能：切勿讓自身的不安困住自己

剛到 IBM 人類能力與科技無障礙中心上班，很快就發現，IBM 在無障礙上的態度與其對多元的整體看法是一體的。科技無障礙中心並非設在人力資源部——如許多組織內部與無障礙相關的措施——而是隸屬於 IBM 的研究部。

此一組織架構帶來截然不同的視角。這表示 IBM 對無障礙的進展與決策與一般的人力資源的考慮（如守法）大不相同。相反地，他們偏向於研究。而研究正是要創新，是要打造未來。單此一點就可以看出其本意：IBM 把一個人放到科技無障礙中心來，乃是尊重這個人的能力可以為中心的研究目標做出貢獻。相對地，員工心裡明白，他們在這裡不是來湊數的，而是要來改變今日與明日的世界。

加入科技無障礙中心之前，對於無障礙，我沒有任何經驗，同樣地，也沒有任何概念。接下新的工作，對於自己的工作團隊，心裡想的，既不是他們會不會聽我的，也不是擔心他們的能力和侷限，而是懷著一顆研究的心：好奇加上學習的意願。

還記得第一次出席有關科技身心障礙問題的會議，是在加州州立大學北嶺分校（California State University at Northridge [CSUN]）舉行的輔助科技會議（Assistive Technology Conference）年會。作為世界最大規模的輔助科技會議，來自各方的研究人員、業者、使用者及其他利益相關者會聚一堂，探討身心障礙者在學習上、工作上及社交上所面對的無障礙科技及實用問題。[51]

---

51 CSUN Division of Student Affairs and Center on Disabilities,〈研討會〉（Conference）, accessed October 11, 2018, https://www.csun.edu/cod/conference.

穿過會議的重重門戶，進入一個從未體驗過的世界，五花八門的輔助科技，與會者運用科技處理資訊的方式，令我眼花撩亂。有人帶著導盲犬坐一邊，用布萊葉點字法在螢幕上打字，有人透過螢幕報讀軟體極快速地聽取網路訊息。字詞來得太快，快得我根本不知所云，後來才弄明白，很多人由於視覺障礙，學會了快速處理聲音的能力作為彌補。史提夫・汪達（Stevie Wonder）也出席了會議，正在檢視輔助科技最新的發展。他是會議的常客，致力於將這些先進科技融入自己的音樂創作，協助他人透過無障礙工具享受音樂及其他藝術形式。

必要的適應造就非凡的能力

身心障礙同事的創造力、才華及創意也令人驚嘆。譬如德米崔・克涅夫斯基（Dimitri Kanevsky），我團隊中的一位研究科學家，非比尋常的發明家，擁有一百五十多項專利，分別在 2002、2005 及 2010 年榮膺「發明大師」（Master Inventor）——IBM 對專利重大影響世界者所頒授的榮銜。[52]

身為聽障者，德米崔致力於改善面對同樣障礙者的無障礙需求。他眾多顛覆性的發明包括：首套俄羅斯語音辨識系統、振動式助聽器、振動式助聽電話、首套網路速記服務、即時謄錄講課內容的 ViaScribe 系統，以及車內語音辨識系統等等，不勝枚舉。[53]我有幸同他合作，也開發了幾項專利，包括自動教學系統，可以識別使用者在教材上所遇到的任何困難，將難題傳達給使用者或另一方，針對使用者的問題提供

52 〈變革先鋒：在全美贏得未來〉（Champions of Change: Winning the Future Across America）, The White House, accessed October 11, 2018, https://obamawhitehouse.archives.gov/champions/stem-equality-for-americans-with-disabilities/dimitri-kanevsky.

53 同註 52。

新的或修改的教材。[54]2012 年，歐巴馬總統授予德米崔「變革先鋒」榮銜，表彰他在為美國身心障礙者增進教育與就業機會上所做出的貢獻。[55]如今，他不吝分享才華，轉任 Google 研究科學家。

德米崔因有聽覺障礙，不得不去適應周遭世界，促使他致力於研究提升語音科技，驅動發明能力，結果，不僅為 IBM 做出巨大的貢獻，也及於整個世界。

團隊另一位同仁，馬特・金恩（Matt King），見解獨到，助公司看到問題，並提出解決方案，使手機內容、網路及工作場所更為無障礙，惠及全球。身為視障軟體工程師，無論在無障礙科技的創發或使用上，所見長遠，面面俱到。目前人在 Facebook 工

54 Sara Basson, Robert Farrell, Dimitri Kanevsky, and Frances West,〈自動化教育系統〉（Automated Educational System）,US Patent 10049593, filed July 15, 2013, and issued August 14, 2018.

55 同註 52。

作，為有視覺障礙的用戶及所有使用者提供更全面的體驗。

在 Facebook，他最新的工作解決了一個隨著社群媒體爆炸而來的問題：使全球使用者所製造的海量訊息更容易上訪。過去，當公司控制網路上絕大多數的內容時，通訊部門可能會為公司的圖像進行標記，點擊並標示人、貓、山——任何可能包含的圖像，供螢幕閱讀器檢視。如今，任何人都可以自行製作，標示巨量圖像，而這是手工絕不可能做到的。

但機器學習已有能力標示這些東西，而在臉書，正是由馬特負責領導這項工作。一旦數百萬張圖像灌入，人工智慧就能辨識圖像的內涵，貼上狗、人，甚至他們臉上的太陽眼鏡。時至今日，科技做的甚至更多，不僅能決定圖像中有狗，還能決定這隻狗是否快樂。在一個無所不在且絕大多數內容為使用者所製作的平台上，馬特的工作能夠使更多人以有意義的方式參與進來。[56]

在 IBM，另一位我有幸共事的傑出科學家是淺川智惠子。她的科技發明橫跨數十寒暑，從一九八〇年代開發至今仍在使用的布萊葉點字系統，到 IBM 首頁閱讀器——一種大不相同的幫助視障者無障礙上網的聲音瀏覽器——以及各種幫助視障使用者體驗網上越來越多的多媒體內容的創新科技，在改善低視力或無視力人士可用的數位工具上，發揮了重要的作用。[57]

她的發明也有助於程式師與設計師打造無障礙產品。她和她的團隊創造了一個工具 aDesigner，模擬

---

56 Seth Fiegerman,〈Facebook 的首位盲人工程師正在徹底改變我們所知的社群媒體〉（Facebook's First Blind Engineer Is Revolutionizing Social Media As We Know It）, Mashable, April 5, 2016. https://mashable.com/2016/04/05/matt-king-facebook/#Lk5Ao7WDfOqZ.

57 〈淺川智惠子〉（Chieko Asakawa）,IBM, accessed November 1, 2018, https://researcher.watson.ibm.com/researcher/view.php?person=us-chiekoa

身心障礙，協助開發者在設計過程中發現產品或程式在使用上可能出現的問題。[58]智惠子的成就普獲世界肯定。最近在 Ted Talk 演講《新科技對盲人的幫助》（How New Technology Helps Blind People），有將近 130 萬人觀看。她也榮膺公司最高科技成就獎：IBM 頂尖研究員，同樣獲此殊榮的有五位諾貝爾獎得主、五位圖靈獎（Turing Award）得主、一位京都獎得主，還有一位獲頒美國總統自由獎章。[59]迄今為止，她是唯一榮獲此一肯定的盲人科技專家。

投資人才創造未來

與這樣傑出的實事求是的人共事深具啟發，也在

58 同註 57。

59 〈IBM 研究員：傑出個人所取得的非凡成就〉（IBM Fellows: Extraordinary Achievements by Exceptional Individuals）, IBM, accessed November 1, 2018, IBM. Accessed November 1, 2018. https://www.ibm.com/ibm/ideasfromibm/us/ibm_fellows/.

我心中植入了一個願望：幫助企業與機構界瞭解，身在此中，我們談的不是守法或慈善，身心障礙人士不僅具有追求成功的動力，而且遠遠超出期望，足以發揮最高水準，幫助公司創造未來。這樣的動力來自於他們解決自身問題的需求——創造自己的適應行為與生存條件——從而生出顛覆性的想法，服務全體人類。

既要讓所有優秀員工發揮最大的潛能，就要在工作場所做到方方面面的共融與無障礙，從通往大門的基礎實體結構，到讓員工可以改造世界的線上基礎設施，無一例外。

創新促成平等與產能

儘管投資組織每一方面的基礎設施——實體、數位與文化——是創造平等通路與機會的關鍵，但有目共睹的是，利用科技更有效地識別多元的人才，已經成為企業界的趨勢，有些企業開始擴大人力資源部門的角色，運用科技使此一傳統上以人為主的部門更具有分析能力。舉例來說，卡夫亨氏（Kraft Heinz）就在其人力資源傳統職級中增設了人與數位分析的科技職位。該公司全球人力資源高級執行副總裁梅莉莎．沃涅克（Melissa Werneck）說：「將人的職能與人工智慧科技結合，用人工智慧協助過去專屬人力資源的功能，例如利用機器學習科技及精密的演算，將工作自動化。」[60]但話又說回來，科技工具介入得越多，有可能淡化人力資源業務的個人化，使特殊人才的發掘更趨困難，與追求顛覆性創新的改變反而背道而馳。

---

60 Jeanne Meister,〈工作的未來：人工智慧時代人力資源的三個新角色〉（The Future of Work: Three New HR Roles in the Age of Artificial Intelligence）, *Forbes*, September 24, 2018, https://www.forbes.com/sites/jeannemeister/2018/09/24/the-future-of-work-three-new-hr-roles-in-the-age-of-artificial-intelligence/#1f14ea5f4cd9.

為求全面落實此一現實，公司的每一層級與各個部門都必須參與其中，人人都應追求下一個新的機會：一個由全世界十三億身心障礙者組成的市場。如同每個人，身心障礙人士也要上銀行，採購日用品，尋求娛樂。因此，對行銷長而言，無障礙是至關緊要的問題。對資訊長來說亦然。畢竟，既要幫助身心障礙者做好工作，無障礙科技之於工作場所就屬必要，更何況具備此種認知有助於上述新市場的開發，並提升市場競爭力。

剛到 IBM 科技無障礙部門工作時，與人力發展部門合作並非我的第一優先，而是多數時間傾注於生產團隊，以確保 IBM 所有產品都能為客戶提供最好的服務，盡一切可能做到無障礙。此一目標在於提升產品與服務的區隔，不僅有利於營收的增加，也可以保護公司免於訴訟的風險。我還花極多時間與資訊長合作，著力支持並提升每位員工在公司內對無障礙科技的認同和體驗。

組織一旦開始思考開拓無障礙與共融的通路，務須先擬訂策略。由於沒有一家公司的資源是無限的，關鍵在於影響最大的步驟應該列為優先。接任科技無障礙中心執行長後，我做的第一件事就是召開 IBM 的全球高層會議，聚集來自不同身心障礙群體的員工，確定最緊迫的問題。有視覺障礙、聽覺障礙、認知差異及肢體障礙的員工與公司主管集會多日，討論無障礙科技對各種身心障礙者的影響，決定優先處理事項。

當然，並非每項想法都能付諸實施，但可以優先選擇最具價值的創舉，並一致同意，共同需要的便利設施將可大有益於未來的工作。這又意味著什麼呢？

若在過去，一線經理想要聘用一位視障的應徵者，就必須從頭開始：舉凡對這人的工作有幫助的必要科技，都要一一加以確認、學習、購買。但若有一套現成的線上系統，只要點幾下，就可以讓經理確認並採取必要的便利措施，整個流程乃得以簡化。

因此，我們開發了「工作場所調整協助系統」（Workplace Accommodation Connection system）。如今，經理需要招聘身心障礙者，只要登錄調整協助網站，輸入員工需求即可。以 IBM 身心障礙者工作的實際經驗設計，這套系統知道視覺障礙的員工需要螢幕閱讀器，亦即一套將文字轉換成語音的專用軟體，也知道聽覺障礙人士可能需要美國手語服務。同時，系統可以訂購所需要的任何產品或服務，如此一來，當這位員工第一天來上班時，所需要的科技都已一應俱全。最重要的是，這套系統還可供使用者自行操作，無須經理參與或批准，員工可以自行上網取得所需要的產品或服務。值得一提的是，這套系統的支出列在中央預算項下，因此，任何部門都可以放心採購無障礙設施，無須擔心財務受到影響。

整個計畫耗時多年，耗資數百萬美元，但一切都值得。我們投入了資金、資源及科技，如此一來，全世界任何地方，IBM 聘用一個人，確保他們從第一天起就擁有所需的工具，可以讓自己成功作業。

落實必要的調整設施之外，工作場所調整協助系統還為 IBM 打造了一個使一切簡單易行，憑直觀就能做到的環境，使平等與產能合一，融入員工的體驗。這套系統乃是系統化的典範之作，使公司的價值得以擴充持續，其關鍵則在於系統確實置入了公司的基礎設施。此路之開，不在於各自為政，而在於創造平等，循此而進，確保每個人都得以邁向成功。正是因有工作場所調整協助系統這樣的科技，使我們做到了這一點。

系統開發以來，IBM 將其程式開放供其他組織使用。如今，已有一套應用程式。2016 年，結合西維吉尼亞大學身心障礙共融中心（Center for Disability Inclusion）及美國職務再設計資源網（Job Accommodation Network [JAN]）——一個由美國勞工部資助的非營利組織，為工作場所的無障礙與調整提供各種資訊與支援——進一步開發並推廣這項科技。[61]

以 IBM 的內部系統為基礎，美國身心障礙、自立生活及復健研究所（National Institute on Disability, Independent Living, and Rehabilitation Research）開發了行動調整解決方案（Mobile Accommodation Solution [MAS]）。這套以聯邦資金開發的系統是一套移動應用程式，管理組織對申請者、應徵者及員工所提出的調整要求，[62]現在已是免費應用程式，iOS 裝置均可使用（譯註：iOS，蘋果公司所開發的專有行動作業系統，為該公司許多行動裝置的操作介面，支援裝置包括 iPhone、iPad 及 iPod touch）。

有了這些現成可用的工具，在工作場所設置個人

61 美國職務再設計資源網，〈關於美國職務再設計資源網〉（About JAN）, accessed October 11, 2018, https://askjan.org/about-us/index.cfm.

62 Peter Fay,〈加強工作場所的合理調整〉（Enhancing the Reasonable Accommodation Process in the Workplace）, IBM, September 8, 2017,https://www.ibm.com/blogs/age-and-ability/2017/09/08/enhancing-reasonable-accommodation-process-workplace/.

調整裝置的平均成本其實非常低廉，而其好處卻非常之大。美國職務再設計資源網與愛荷華大學法律、衛生政策及身心障礙中心（Law, Health Policy, and Disability Center）的一項研究發現，多數工作場所設置調整設施，成本還不到五百美元。此外，「雇主都說，提供調整設施優點多多，留住了好員工，提升了產能與士氣，減少了員工的賠償與訓練成本，改善了公司的多元。」[63]

建立普惠眾人的調整文化

建立這樣的系統也帶來衍生效益，超出原來預想的目標。舉例來說，IBM 調整系統建立後，我們就開始接到人體工學部門來電，詢問是否可以將背痛或腕

---

63 〈調整設施的優點與成本〉（Benefits and Costs of Accommodation）, Job Accommodation Network. accessed November 1, 2018, https://askjan.org/topics/costs.cfm.

隧道症候群這類工作傷害納入調整系統。如今，多個部門都可以使用此一共用的基礎設施，更有效地調整協助員工達成工作目標。

有的時候，有些公司十分樂於雇用身心障礙者，但通常是基於社會責任或善心，往往忽略了關鍵所在，殊不知為長遠的運營準備一套基礎設施才是最重要的。一時興起，聘請一兩個身心障礙者，不會持久也難以升級。這樣的作法甚至可能產生意想不到的負面結果，將身心障礙者推上神壇，待之如超級英雄，到頭來有可能落得一個孤單、沮喪的下場。

在無障礙領域做得越久，我越是相信工作場所有各種不同能力的人大有好處。假設畫一條鐘形曲線，多數人會落在中間的部分——「一般的」智力或能力，世間絕大多數的東西都是為他們設計。但你若也為落在兩端，因為能力差異，特別需要勞心、勞力的人設計，那乃是在激發對全體人類都更好用的通用發明。設計之為物，具有極大的潛力，也有助於人類思考明天要面對的新問題，創造出滿足每個使用者都需要的新產品。

通用的設計及其所帶來的好處，例子不勝枚舉。譬如說，幾乎每個街角都有的人行道斜坡，一種原來為便利輪椅通行的設計。既經設置，很明顯地，讓每個過街的人，在各種情況下，無論是推著嬰兒車，拉著沉重的行李廂，或是拄著助行器或拐杖行走的人，都更加便利，更加安全。今天的無障礙科技將是明日的普世標準，一旦上路，就意味著引領未來，而不是苦苦追趕。

不是為「他們」，而是為人類全體

說到無障礙，這是一個既有其普世的重要性也讓人有些不安的主題。與其他多元群體的特定特徵不一樣的是——大多數人往往能說我沒有這些特徵（如特定性別、性向、種族等）——但身心障礙可能在任何時間點發生在我們任何人身上。

當人老去，某種程度的衰退乃是理所當然。舉例來說，身心障礙在一般人當中大約占 15%，在年齡超過五十的人當中，占比則是 25%，到六十五歲時，比例甚至超過半數。無論你目前是否身心障礙，當年華老去，都有可能要面對某些身心的挑戰，這意味著，今天制定的無障礙公約並非只是為了「他們」，也是為了我們自己。[64]

隨著世界人口高齡化的速度更勝於以往，此一問題也益趨嚴重。據估計，到 2050 年，地球上的老年人將在人類歷史上首次超過年輕人，這種人口結構的

---

64 Laura Langendorf,〈#AccessibleOlli 在 CES 展推動我們前進〉（#AccessibleOlli Drives Us Forward at CES）, IBM Internet of Things Blog, January 12, 2018,. https://www.ibm.com/blogs/internet-of-things/iot-accessibleolli-drives-us-forward-at-ces/

變化，已經發生在日本、義大利及德國。[65]隨著年齡的增長，人的需求會改變，工作與生活所需要的便利條件也會有所不同。明白了此一趨勢，投資於人人都能受惠的無障礙科技，其必要性也就更為明確。但無疑地，這也是一項長期投資。

真實的共融需要耐心

多年以前，法蘭克・弗萊德斯多夫給我一份工作時，他不只是看到了我當時可以做什麼，也看到了我未來能有哪些成就。打造共融的文化，絕非一朝一夕之功。轉變思維，改變整個公司的文化，需要的是耐心。

65 〈超越思考老化：高齡社會所帶來的挑戰與機會〉（Outthink Aging: Explore the Challenges and Opportunities Created by an Aging Society）, IBM Corporation, 2016, https://www.giaging.org/documents/IBM_16_09.PDF.

二十世紀初期，有電梯供公眾使用的建築寥寥可數，一般公司都只有樓梯，想要用電梯時，卻發現電梯是為運送貨物而設計的，還得穿過車庫、後巷及其他非公共空間才能搭上電梯。自此以後，電梯的設計主要是載人而非沉重的物品，人人都可搭乘，無論是出於需要還是便利。更重要的是，如 1990 年《美國身心障礙者法案》規定，確保身心障礙者無須繞路就能到達同一個地方。

時至今日，有關無障礙的限制與機會，往往尋求科技解決。為了處理這些問題，美國勞工部身心障礙者就業政策辦公室成立了「就業與無障礙科技合作中心」（Partnership on Employment and Accessible Technology [PEAT]），協助公司瞭解投資無障礙與多元人才的價值。

2018 年，PEAT 與教學無障礙協會（Teach Access，一個鼓勵學術機構將通用設計併入研究人員、電腦科學家及設計師課程的組織）合作，針對工作場所無障礙現況進行了一項調查，結果顯示，儘管有 93％受訪者認為，對無障礙相關科技的需求不斷增長，但 63％受訪者表示，他們的員工不具備達成目標所需要的技能，60％受訪者則說，他們發現「很難」或「非常難」發掘並聘用能夠填補此一缺口的人才。[66]為彌補此一缺失，需要從學生接受教育起步，並打從一開始就落實共融雇用政策，而這一切都需要時間，儘管如此，卻可以先從自身的系統到位做起，藉此吸引高素質的身心障礙人選，支援需要調整設施的員工，並開辦員工無障礙訓練，強化工作場所的環境與資源。而所有這一切，透過科技大部分都可以搞定。

---

66 Lisa Morgan,〈好的科技設計便利近人，但在科技上仍有差距〉（Good Tech Design Is Accessible, But There's a Skills Gap）, *InformationWeek*, October 10, 2018, https://www.informationweek.com/strategic-cio/team-building-and-staffing/good-tech-design-is-accessible-but-theres-a-skills-gap/a/d-id/1332994.

無障礙基礎設施至關重要

2017 年，凱斯勒基金會（Kessler Foundation）舉辦全美就業與身心障礙調查，就證實了此一優先事項的重要性。全國三千多名受訪主管指出，透過科技確實有很大的機會為全體員工改善工作環境，但只有少數組織加以利用。例如，本章前面所談到的中央便利基金，調查顯示，97%認為中央便利基金可擴大身心障礙員工的機會，但只有 16%雇主設立這項基金。[67]

一如徵才，要扭轉此一趨勢，確保所有員工都擁有作出貢獻所需的基礎設施，行政部門人員也必須參與進來。正如凱斯勒基金會總裁兼執行長所言：「當

67 〈全國調查為工作場所擴大對身心障礙者的包容提供了新方向〉（National Survey Provides New Directions for Expanding Inclusion of People with Disabilities in the Workplace: Kessler Foundation Releases Results of First-of-its-Kind Survey）, Kessler Foundation press release, October 10, 2017, https://kesslerfoundation.org/kfsurvey17/pressrelease.

管理階層做出承諾，有效措施一一到位時，所有員工及其主管都可達成任務，企業自會廣收多元與高產能工作團隊之利。」[68]

切身經驗才能深刻理解

打造無障礙工作環境，關鍵在於瞭解身心障礙者的需求、興趣與目標。在《刷新未來：重新發現微軟的靈魂與形象為每個人追求更好的未來》（*Hit Refresh: The Quest to Rediscover Microsoft's Soul and Imagine a Better Future for Everyone*）一書中，微軟執行長薩提亞・納德拉（Satya Nadella）談到自己因為有一個有特殊需求的兒子，使他對微軟的工作有了新的想法。他寫道：「身為人父，兒子的特殊需求成為我人生的轉捩點，乃有今日之我，於身心障礙者的人

68 同註 67。

生有更深刻的理解，對其他人的同情，於感情與思想上生出新的理念。正因為如此，乃發心要與微軟的同事們合作，推動完成愛心與同情和人類才智與熱情的結合。」[69]多數人雖然沒有納德拉對身心障礙者的切身經驗，但還是可以將那些不同於自己的人放在心上，努力與他們聯繫，更知道如何為他們提供最理想的支援。

許多高層主管和員工接觸時，只要一談起身心障礙問題，都會面臨同樣的情況：感到不安。許多人都有同樣的經驗，想要改善組織裡的無障礙，卻發現自己無能為力，之所以如此，在於碰到身心障礙問題時總覺得放不開，與身心障礙者相處互動時甚至更不自在。但不可否認地，無論是為自己、組織還是社會，

---

69 Satya Nadella,〈永遠改變人類生活的時刻〉（The Moment That Forever Changed Our Lives）, LinkedIn, October 21, 2017, https://www.linkedin.com/pulse/moment-forever-changed-our-lives-satya-nadella/.

面對問題，加以討論並採取行動才是必要的。若一味迴避，不直接面對處理，永遠不可能取得自己想要的進步，無論是財務上的或其他方面。中國有句成語：「隔靴搔癢」，意思是若不真正投入，根本抓不到重點。儘管一搔，再搔，三搔，永遠搔不著癢處。這時候，就該把靴子脫掉。

要做到真實的共融，就一定要放得開，也就是說，必須要與服務的對象互動並瞭解他們。但若不能夠密切接觸，亦即與工作場所中各種不同的員工以平常心相待，就無法放得開。

第一次參加加州大學北嶺分校的輔助科技會議，讓我對周遭世界睜開了眼睛，對一些與自己共事的人，對他們的經驗，我有了更深刻瞭解，這使我們能夠在人與人的層次上互動，共同完成我們的目標。同樣的，最近在一次美好社區活動中，向年過五十的女性發表題為〈設計促成共融〉（Inclusion by Design [https://www.inclusionbydesign.org/]）的演講。任何人可能都會想，這次活動就只是給一批年過半百，坐在家裡等著當做祖母的女性開一次眼界而已。但這樣想就錯了，只見滿屋子的婦人，個個身懷一技之長，事業也都頗有成就，滿懷興趣來到這裡，為的是繼續學習，增長對新觀念的理解。

今天，共融已經成了很大的話題，你可以每週參加一次這樣的大型會議，遇到不同的與會者，並有可能從他們的演講中學習。但也許比坐在一大群觀眾中聆聽共融的好處（其中許多你可能知道）更有效的方法是參與一個更小、更投入的環境，真正地坐下來，親炙一些經驗與能力皆不同於自己的人。在這樣的環境中，往往會碰到一些能力卓越的人，因而生出仰慕之心，更深入地去瞭解他們的經驗與心得。

有一種創新的作法，名為「反向指導」（reverse mentoring），對一些最先進的公司，包括 IBM 在內，產生了深遠的影響。其作法是，主管與身心障礙員工配對，如此一來，團隊成員的日常工作，及其使用多種科技工具提高產能取得成功的情形，領導團隊可以一一在目。因此而形成的關係使雙方更瞭解彼此的觀點，主管對不同能力與無障礙環境的價值也更加理解與充滿信心。

在公司裡，此一作法也可以推廣運用到少數群體。譬如，在以男性為主的組織中，召集女性員工座談。更重要的是，要讓不同層級及背景的人加入進來——不要只想到公司裡剛冒出頭的明星員工——這樣一來，可以增加對員工的理解，有助於推出新的政策及調整設施，提升他們對公司的貢獻。

科技對社會的驅動力越大，人的參與就越形重要。許多科技公司及其高層，談起科技、大數據這些東西來，無不侃侃而談，只要一談到人的事情，心情就好不起來。但說到人工智慧——讓電腦如人一般思考——千萬要記住，人類工作的真正目的畢竟是在於改善人的生活，唯有念茲在茲，才能創造更緊密的連結，一體提升產品、服務及所有人的生活。

第 7 章

原則、宗旨與營利一體：大道之行

2016 年，我自 IBM 退休，在公司待了三十餘年，最後一段時間都獻給了科技無障礙工作，那些年歲也是我生涯中最充實的時光。但直到繳回了公司識別證及 IBM 電腦後，才真正有時間瞭解自己為什麼會如此投入人類能力與科技無障礙中心和執行長的工作。

在職期間，有人問我，為何如此投注於這項工作，我可以給出一堆答案。有時候會說，在人類生活中，科技的角色越來越重，而其關鍵則在於無障礙——為人類提供更多樣的服務，同時，也比以往更具有人性——而我的責任就是確保員工與產品能夠反映此一轉變。有的時候則會說，身為第一代少數族群的女性，在我的理解中，無障礙乃是一個人權問題，是達成一體共融所不可或缺。儘管這些理由都站得住腳，但總覺得還少些什麼，一時卻說不上來。

退休後不久，一天翻出多年來讀過的一些古書，讀到一篇孔子的古文：〈禮運大同篇〉。[70]文章裡提到，大道之行也，天下為公，選賢與能，講信修睦，故人不獨親其親，不獨子其子，使老有所終，壯有所用，幼有所長，鰥寡孤獨廢疾者皆有所養，整個社會乃是屬於全體公眾的，無論其能力如何，各歸其所，各有所護，其結果則是各得所需。於我來說，此一觀念非常自然，在台灣長大的孩子對此都耳熟能詳。我馬上若有所悟，原來竟是孩提時上過的這一課一直在砥礪我，工作上如此，其他方面也如此。這麼多年來，大道活在我的潛意識中，而我則是盡一己的本分促其實現。

70　孔子，《禮記》〈禮運大同篇〉，Feng Xin-ming 英譯，April 2008, http://tsoidug.org/Literary/Etiquette_Great_Together_Simp.pdf.

真正的民主社會都明白，人人生而平等。因此，所有的人都有夢想未來更好的權利，人人機會平等，都擁有改善生活品質及追求幸福的憑藉。大道的落實有助於所有的人——而非部分人——獲得成功。每個人都可以盡一己之本分成就自己及世界。當心懷可行的使命感——一皆以人為本的認知——創造足以反映此一使命感的行動、政策及產品，人人都是贏家。

使命感推動成功

2017 年，蘋果執行長提姆・庫克在麻省理工學院史隆管理學院（MIT Sloan School of Management）畢業典禮上致詞，談到使命的挑戰與力量，說他一生尋找自己的使命，從童年到大學，到研究所，透過冥想與信仰，始終未曾找到，直到加入了這家具有強烈使命感的公司，才終於「豁然開朗」。[71]

蘋果的使命，服務人類，與庫克發現自己的使命密不可分。兩者相加，使他瞭解了一項核心的真理：「若你選擇在科技與其所服務的人群之間生活，若你努力創造最好的，給出最好的，為每一個人而不只是為某一些人做到最好，那麼，今天所有的人就有理由充滿希望。」[72]當此文化日趨複雜之際，科技與人之間，以及人與人之間的關係也更為複雜，使命之為物，務求簡單崇高，曰：服務全人類。

在眾多的社會變遷之中，有一個重要問題的答案也改變了，這問題就是：人類的福祉是誰的責任？政府嗎？政府提供給社會邊緣人的幫助已經每下愈況，

---

71 Molly Rubin,〈提姆．庫克麻省理工學院 2017 年畢業典禮致詞〉（Full Transcript: Tim Cook Delivers MIT's 2017 Commencement Speech）, Quartz, June 9, 2017, https://qz.com/1002570/watch-live-apple-ceo-tim-cook-delivers-mits-2017-commencement-speech/.

72 同註 71。

非營利組織也沒有能力扛起整個鬆脫的環節。在這種情況下，社會逐漸轉向私部門，要求企業與機構界回應此一日益擴大的挑戰。解決之道在於，一切以人為本，投資基礎設施，開發新的科技，並將之制度化以滿足所有人的需求。此一承諾為成功之本。

黑石（BlackRock）總裁兼執行長賴瑞．芬克（Larry Fink）在他給部門主管的年度信函中闡述了此一重要的觀點，說明當前社會最重要的一些問題，以及隨之而來日益增加的要求：「企業，無論公營民營，都負有社會使命。」[73]芬克寫道：「企業必須自問：我們在社區中扮演的是什麼角色？我們如何管理自己對環境的衝擊？我們是否在努力打造一支多元的

---

73 Larry Fink,〈賴瑞．芬克致高層主管年度信函：使命感〉（Larry Fink's Annual Letter to CEOs: A Sense of Purpose）, BlackRock, accessed October 11, 2018, https://www.blackrock.com/corporate/investor-relations/larry-fink-ceo-letter?cid=twitter%3Alarryslettertoceos%3A%3Ablackrock.

員工團隊？我們是否適應了科技的變革？為適應這個日益自動化的世界，我們為員工及公司提供了必要的培訓與機會嗎？」

以真實待人，高下立判：TJ Maxx 的故事

這裡所談的事情體現了一種無法量化的特質：真實。真實雖然難以數字計量，但利益卻具體可見。這裡以廉價商店 TJ Maxx 為例。大家或許都知道，這家店一向以選擇多樣、廉價及優質的顧客服務聞名，但真正使其特別成功的，乃是這家公司以人為本的經營政策。零售商的利潤微薄，因此，公司的採購人員透過談判取得最優惠的進貨價格就成了關鍵。

但 TJ Maxx 用的並不是最精明的談價高手，而是雇用最善良、最真誠的人擔任採購，而且不同於許多零售公司，TJ Maxx 還煞費苦心施以訓練。採購人員除了在 TJX 大學（TJX University）接受消費、流行

趨勢及講價的教育外——公司的訓練課程——還教以人際關係的價值。「我們要以自己做生意的方式——正直、誠實與彼此關懷——不斷陶冶我們的文化，在我們的課程中也講到這一點。」公司的執行主席兼 TJX 公司執行理事主席卡羅‧梅洛維茲（Carol Meyrowitz）如是說。TJX 公司旗下的公司包括 Marshalls、HomeGoods 及 Sierra Trading Post。

採購人員到海外向公司一萬六千多家供應商採購商品，就是抱持著這種以人為本的心態，跟製造商及供應商建立人與人的關係。[74]正因為採購人員以人相待，供應商為他們保留了最好的貨品與價格。在整個供應鏈中，TJ Maxx 始終維持人的格調，也正是這種人味，為營收打開了另一片天地。

---

74 Carol Meyrowitz,〈TJX 執行長論第一流採購人員的訓練〉（The CEO of TJX on How to Train First-Class Buyers）, *Harvard Business Review,* May 2014, https://hbr.org/2014/05/the-ceo-of-tjx-on-how-to-train-first-class-buyers.

新思維：創新報酬優先

體現以人為本思想，先要在心理上有所改變，這在第四章已經談過。但若談到另一個問題：如何達成服務全人類的使命，就必須另作一番轉變，亦即，重視投資回報之外，同時也要重視創新回報。沒錯，投資回報優先——錢要花在哪裡，能夠得回什麼報酬——的確是非常務實的商業潛規則。但思考創新回報優先時，由於所關注的領域或人群歷來都受到忽略，所以又需要另有一種衡量標準。

說到創新回報，其背後的整個理念就是，投資未來是必要的。由於此一前提涉及到人，因此，未知因素更多，最初的回報也可能需要更長時間，甚至更不確定。但話又說回來，報酬儘管難以量化，但其效益巨大，對未來的成功至關重要。舉例來說，身為領導人，你若凡事秉持一套以人為本的價值，明確不移，終將贏得年輕一代的尊敬，而這種尊重與敬仰又有助於吸引及留住頂尖人才，與你有志一同，推動下一波的理想。

與 IBM 巴西分公司合作成立科技無障礙中心時，就獲得了類似的成果。由於 IBM 重視多元共融與科技無障礙，巴西分公司獲得大筆研究經費支持此一計畫，針對身心障礙者就業的教育與訓練開展了一項研究，也因此吸引了最優秀的研究人才來執行這項研究。

本書之前所談到過的議題，包括立法、社會利益、人口結構的變化，以及當前與未來的科技走向，在在突顯了這個世界以人為本的本質。凡事不僅要把人納入考量，人根本就是一切的核心。一開始，投資回報率雖然不明確，但定要看得遠，相信對人的投資是物超所值。

通用設計惠及全體

從亞馬遜的 Alexa 電子居家產品到車上語音導航及日常使用的控制裝置，設計師都必須把所有可能的使用者納入考量。設計思維與無障礙結合，iPhone 就提供了一個絕佳的例子。無障礙並非後事之明，而是設計過程的核心。身為蘋果公司無障礙程式的主管，莎拉・賀林格（Sarah Herrlinger）說得好：「我們將無障礙與產品融為一體⋯⋯將之植入作業系統，是內置而非附加的。」[75]

如此一來，在無障礙上，iPhone 繼續領導標準。舉例來說，iPhone 手機就具有為色盲及弱視設計的多種功能，包括增加對比、改變亮度、調整文本大小，

75 Rachel Kraus,〈你可能不知道的 iPhone 八種無障礙功能〉（8 Useful iPhone Accessibility Features You Might Not Know About）, Mashable, May 17, 2018, https://mashable.com/2018/05/17/iphone-accessibility-features-for-everyone/#.ui6eMIVAaqX.

甚至字體放大。使用者也可以打開字幕，如此一來，只要應用程式中有字幕可用，字幕就會顯現，這為聽覺障礙者帶來了極大的方便。此外，蘋果的數位助理 Siri 還設計了一組程式，讓行動不便者及其他身障者只要用自己的聲音就可以完成工作。[76]

在各種不同的場合，由於環境的限制，這些功能都可以為非身心障礙人發揮作用，例如在餐廳看字太小的菜單，在吵雜場所接收影片的內容，或雙手空不下來時用聲音下達指令。像這類的情況又稱為「情境性障礙」，每個人或多或少都會碰到，進一步說明了以無障礙為設計核心所帶來的通用便利。

改善個人的日常活動經驗之外，組織投資於科技也為所有的人改善了娛樂體驗。英國國家劇院就設置了智慧眼鏡，提供有聽覺障礙的觀眾使用。配合所處的環境，這項科技在觀眾周遭加設影像及訊息，雖然

76　同註 75。

未如發明者的預期吸引一般公眾，卻改善了聽障者的劇院體驗。

持票觀眾可以打電話向國家劇院預訂一副 Epson Moverio BT-350s，劇院稱之為「智慧字幕眼鏡」。使用者觀賞時，隨著舞台上的演出，眼鏡同步提供現場對話及音效的文字說明。眼鏡還有十分個性化的選項，可以挑選大小、顏色及文字的位置，以獲得最佳觀賞效果。[77]如同多數為特殊情況設計的例子，智慧眼鏡也有可能使其他群體受益，譬如非英語觀眾，利用這些可貴的工具可以更佳理解舞台上的對話，享受更豐富的劇院體驗。

一家我擔任顧問的新創公司，名為 Aira，也投資

---

77 Henry St. Leger,〈AR 與無障礙：愛普森智慧眼鏡在劇院大展身手〉（AR Meets Accessibility: How Epson's Smart Glasses Found a Home in the Theater）, Techradar, October 11, 2018, https://www.techradar.com/news/ar-meets-accessibility-how-epsons-smart-glasses-found-a-home-in-the-theater.

智慧眼鏡及智慧手機科技，服務身心障礙者。利用這套服務，失明及弱視者由看得見的人帶領認識環境，並協助他們四處走動，完成譬如閱讀郵件這類用其他科技無法完成的工作，以及在商店或機場找路。[78]

Aira 也提供大量機會解決失明及弱視者的高失業率——約 70%——並支持視障企業家。[79]最近，Intuit，一家金融軟體公司，為所有的企業家及小公司提供服務，旨在減少失業，改善生活。[80]如同國家劇院的智慧眼鏡，這種科技也為一般人帶來便利，適用於各種不同情況，諸如機場及語言不同國家的導航。

這樣的思維也擴大到了個別企業以外。例如芝加

---

78 Leigh Buchanan,〈這家公司的科技使失明企業家「看見」〉（This Company's Technology 'Sees' for Blind Entrepreneurs）, *Inc.*, October 19, 2018, https://www.inc.com/leigh-buchanan/aira-blind-entrepreneurs-tool.html.

79 同註 78。

80 同註 78。

哥與紐約，兩個城市都在營造無障礙文化，作為其智慧城市共融創新計劃的一部分。計畫由 G3ict 與 World Enabled 帶領——後者是一家顧問公司，致力於「建立共融社會，使身心障礙者於其中得以充分發揮才能展現潛力」——旨在縮小數位差距，提升城市身心障礙者及高齡者的無障礙環境。[81,82]

通過這一努力，芝加哥與紐約要將自己建設成為與眾不同的城市，提供所有的市民——包括老人與身心障礙者——更好的工具，同時培養下一代的新創企業提高無障礙意識，[83]不僅投資基礎設施讓身心障礙者便於搭乘火車或公車，而且還資助以市民需求與願

---

81 〈領導機構〉（Leading Organizations）, Smart Cities for All, accessed November 8, 2018, http://smartcities4all.org/#leading-organizations.

82 〈全民智慧城市〉（Smart Cities for All）, Smart Cities for All, accessed November 8, 2018, http://smartcities4all.org/.

83 〈智慧城市的關鍵在於創新〉（Innovation Is the Key to Smarter Cities）, Smart Cities for All, accessed October 11, 2018, http://smartcities4all.org/innovation-is-the-key-to-smarter-cities/.

望為優先的事業。擁抱無障礙，視為事業的當務之急，如此一來，城市與使用的市民都引以為傲。

2018 年 10 月，有幸以專家身分應邀出席芝加哥首次共融創新研討會，與會者有政府官員、業界領袖及身心障礙倡議人士。研討內容包括：市政當局如何協助新創事業從一起步就將無障礙納入公司業務，以及由專家搭配事業主，針對提高網路應用、行銷網站或手機應用程式的無障礙設計所能帶來的利益，由專家提出詳盡說明。與會者也探討了創新在新創事業生命週期中的力量，從想法的生起到醞釀成形，一開始就要將無障礙的概念植入事業的文化，唯其如此，事業的創辦人才會念茲在茲，以服務全人類為事業的使命。會議也強調了使用者試用的重要性，亦即城市推出的應用程式，先由地方上的身心障礙團體參與試用，以確保其對使用的市民確實有用。此一「設計融入」的概念，至為關鍵。

設計融入全人類

無論是為一家小型新創事業或整個城市設計，整個過程定要納入各種不同的人才與觀點，這一點至為重要。一套系統設計的整個流程，「設計融入」是關鍵所在，其基礎建立於三項原則：「及早並持續以使用者為核心；實證測量使用情況，以及反覆運算設計，使系統得以修改、測試，再修改，再測試，周而復始。」[84]

許多公司採納了設計融入三原則，並非只是為了提高系統的效率，也是為了使用最新的科技改善人的體驗。這樣一來，公司業務也為之脫胎換骨。舉例來說，一家名為 Navibration 的新創公司嘗試使用區塊

---

84 John D. Gould and Clayton Lewis,〈為使用而設計：基本原則與設計師的想法〉（Designing for Usability: Key Principles and What Designers Think）, *Communications of the ACM*, March 1985, https://dl.acm.org/citation.cfm?id=3170.

鏈科技推動旅遊業轉型，所推出的產品特別注重視障業者的需求。

Navibration 製作的旅遊指南使用平板與手機，並以聲音及振動引導使用者，而非視覺地圖。同時也推出系列可攜帶設備，包括一種特別為弱視或無視覺者設計的手杖：「Navibration 手杖」，將該公司開發的科技與手杖結合。[85]指南的內容由使用者提出構想，參與創作者也可以分享銷售所得——堪稱創新設計與尖端科技應用的典範。

服裝品牌湯米菲格（Tommy Hilfige）也推出了專為身心障礙者設計的系列產品，名為「湯米適應裝」（Tommy Adaptive），採用磁性開襟、釦子及拉

---

85 Mina Down,〈一家區塊鏈新創公司如何促使旅遊轉型並提高城市的便利性〉（How One Blockchain Startup Is Transforming Travel and Increasing the Accessibility of Cities）, Hackernoon, September 30, 2018, https://hackernoon.com/blockchain-social-network-travel-accessibility-660d708dde73.

鍊，使行動不便者穿衣時更容易上手。這一系列產品還包括磁性褲腿開口，適用於腿部支架、打石膏及矯正器，以及為輪椅使用者設計較為舒適的衣服。[86]

夢想跑道（Runway of Dreams），一個非營利組織，致力於讓身心障礙者可以更方便穿著流行時裝，乃與湯米菲格合作開發此一系列產品。創辦人敏蒂・謝爾（Mindy Scheier）成立此一組織，靈感來自兒子奧立佛。奧立佛有肌肉失養症，一種肌肉群退化及衰弱導致的疾病，但他想要和同學一樣穿牛仔褲上學。[87]基金會成立以來展開許多活動，包括就業、設計與宣導，改善身心障礙者對時尚流行、功能性服裝及時尚業的通路。

---

86 〈湯米菲格適應裝：與身心障礙者合作為身心障礙者設計〉（Tommy Hilfiger Adaptive: Designed with and for People with Disabilities）, Tommy Hilfiger, accessed October 11, 2018, https://usa.tommy.com/en/tommy-adaptive.

87 〈認識夢想跑道基金會〉（About）, Runway of Dreams Foundation, accessed November 5, 2018, http://runwayofdreams.org/about/.

夢想跑道與湯米菲格合作，確保湯米菲格的服裝系列能夠滿足身心障礙者的需求。反過來，湯米菲格也明白，自身的產品需要經過不斷修正，聽取使用者的回饋與反覆運算設計極為重要，乃在公司網站設立徵求穿戴者意見的欄目，讓使用者分享產品的使用情況，哪些地方有效，哪些地方不足，以及未來需要改進的方向。

另外一位身障孩子的家長，黛博拉．魯赫（Debra Ruh），則是致力於讓業者思考他們所傳達的訊息所造成的影響，以及如何可以使自身的品牌、產品與服務能夠做到無障礙。黛博拉不諱言，真正能夠做到無障礙的極少，如果業者有心嘗試，定有極大的價值。她的社群媒體在多個網路平台擁有三十多萬粉絲，透過此一通路，她鼓勵身心障礙者利用網路「獎勵做得最好的品牌，開始用『我們的錢包投票』」。[88]得益於這樣的努力，加上身心障礙社群的積極配合，湯米適應裝大獲成功，業務從兒童系列產品擴大到成人系列。產品設計為受到忽略的人群設想並與之合作，從而提升公司的整體獲利，這是另一個極佳的例子。

高齡化設計

產品為不同的使用者設想並與之合作，不要忘了還有一個包括我們自己在內的領域：快速增加的老年人口。正如 IBM 2016 年的報告《重新思考高齡者》（Outthink Aging）所指出：「高齡人口現在還不是

---

88 Debra Ruh,〈為何公司品牌需要讓人知道產品共融的故事並加入全球 B2B 對話〉（Why Corporate Brands Need to Tell Their Inclusion Story and Join the Global B2B Conversations）, Talentculture, November 21, 2017, https://talentculture.com/why-corporate-brands-need-to-tell-their-inclusion-story-and-join-the-global-b2b-conversations/.

一個使用群體。那是一群多樣化的受眾，有著不同的需求、習慣、科技能力等等。既要吸引這一批受眾，就意味著要利用科技創新與同理心以提升其人的體驗。對不同的個人、群體、社會及市場，新科技所能帶來的實質利益何在，身為科技人必須有所認知並加以闡明。」[89]

將科技融入產品與服務，以滿足老年人的需求與興趣，衡量其中所能帶來的利益時，在有些地方可能會發現，我們必須回到從前。舉例來說，許多普通的電器用品已經變得非常科技化，數位標示可能會讓老年用戶難以適應。我就常想，我的洗衣機是不是太過於智能化，寧願回到過去，只要轉動轉盤，按下按鈕，洗衣機發出「匡噹」響聲，就知道洗衣機在工作了。我們很容易掉進多模式的陷阱，由於內置的功能

---

89 〈重新思考高齡者：探索老化社會帶來的挑戰與機會〉（Outthink Aging: Explore the Challenges and Opportunities Created by an Aging Society）, IBM Corporation, 2016.

太多，簡單的任務反而變得令人困惑。科技不斷進步，有各種可能的介面，但並不意味最高科技的介面就是最好的選擇。要避免這種情況，還是要求助於設計。

善用科技造福人類

利用人工智慧與其他複雜科技達到服務人類的目的，有時候還必須考慮到一點，那就是要體現人本身的特質，尤其是全球人類正在迅速老化的這一現實。在美國，每天有一萬名嬰兒潮世代步入六十五歲，而到 2030 年，中國約有 25%人口將超過六十歲。[90,91]此

90 Eric Pianin,〈每天有一萬名嬰兒潮世代年滿六十五歲：醫療保險和社會保障可以解決嗎？〉（10,000 Boomers Turn 65 Every Day. Can Medicare and Social Security Handle It?）, *The Fiscal Times,* May 9, 2017.

91 Jing Zhao and Yinan Zhao,〈中國下一顆債務炸彈：人口老化〉（China's Next Debt Bomb Is an Aging Population）, Bloomberg, February 5, 2018, https://www.bloomberg.com/news/articles/2018-02-05/china-s-next-debt-bomb-is-an-aging-population.

一現象已經使得護理人員很難跟得上。2016 年時，四十五至六十歲的可用照護人員與八十歲以上老人的需求比為七比一，到 2030 年，這一比例將是四比一，到時候，以前由人類承擔的照護責任，有些不得不讓科技來接管。[92]

日本人口迅速老化，而勞動人口則相對縮減，這也意味著，隨著老年人口日益增多，照護工作人員已經越來越少。[93]預計到 2025 年，照護人員將不足三十

---

92 〈高齡化的再思：高齡社會的挑戰與機會〉（Outthink Aging: Explore the Challenges and Opportunities Created by an Aging Society）, IBM Corporation, 2016.

93 Reuters,〈日本機器人協助老人照護〉（Japan's Robot Revolution Helps Care for the Elderly）, March 27, 2018, Reuters video, 11:38, https://www.reuters.com/article/us-japan-ageing-robots-widerimage/aging-japan-robots-may-have-role-in-future-of-elder-care-idUSKBN1H33AB.

八萬人。[94]為應對此一挑戰，有一家療養院已在使用機器人來補強工作人員的不足，還包括一隻名叫帕羅的海豹機器人。它扮演陪伴的角色，溫和且有反應，「對撫摸、言語及光線做出回應，擺頭，眨眼，並錄製加拿大豎琴海豹的叫聲」。[95]儘管無法替代工作人員，帕羅卻為療養院住民帶來安慰，改善他們的精神狀態。療養院的機器人成了員工幫手，包括一張可以變換成輪椅的床，一具抱起病人的裝置，還有幫助病人行走做復健的。機器人的創作者相信，在許多目前正經歷人口變遷的國家，機器人將成為照護人力不足的解方之一。

---

94 Malcolm Foster,〈高齡化日本：機器人可能在未來的老年人照護中發揮作用〉（Aging Japan: Robots May Have Role in Future of Elder Care）, March 27, 2018, https://www.reuters.com/article/us-japan-ageing-robots-widerimage/aging-japan-robots-may-have-role-in-future-of-elder-care-idUSKBN1H33AB.

95 同註 94。

尋找機器效率與人類幸福之間的平衡點

只要動動手指頭，許多工具就能把生活變得更為美好——無論簡單的或複雜的——但在這一過程中，可要確保不會犧牲了人類的幸福。如今，業界巨擘如Google與Facebook，都具有強大的數據及分析能力，用戶的每一次點擊，上過的每一個網站，看過的每一則廣告，都是他們不斷收集資訊的對象。這類的平台眼光如炬，所能提供的資訊大到令人難以想像。今日的科技使企業與機構進入了一個「個人市場」，憑藉極端精密的分析，便可以準確預測一個人心目中最有吸引力的東西，然後鼓動他們去購買。

對消費者來說，真的是賺到了——一雙一直想買的鞋，Instagram居然給了我一則打折的定向廣告，我或許會很感激。但話又說回來，儘管此一過程為消費者提供了超個人化的產品與服務——有利於公司的營收——對於此一過程，以及科技阻礙自身進步的可能性，還是不能掉以輕心。演算法為我挑的鞋，就算我喜歡，但若覺得自己的隱私居然就這樣被賣了，這個平台就有可能失去我這個用戶，以及隨之而來的商機。

根據皮尤研究中心（Pew Research Center）的調查，儘管有多達 74%的人認為控制自己的個人資訊非常重要，但只有 9%的人相信自己「能夠充分控制」透過社群平台分享出去的資訊。[96]隨著年齡的增長，對於網路的安全和保障就越加不放心。美國退休人員協會的一項調查發現，五十歲以上的人比年輕人

96 Lee Rainie,〈在一個重隱私的時代，美國人對社交平台的複雜感情〉（American's Complicated Feelings About Social Media in an Era of Privacy Concerns）, Pew Research Center, March 27, 2018, http://www.pewresearch.org/fact-tank/2018/03/27/americans-complicated-feelings-about-social-media-in-an-era-of-privacy-concerns/.

更有可能「非常擔心」自己的資訊隱私及安全。[97]有鑑於此，像 Facebook 這類網站就應該好好思考一下，在自己收集資料賺錢與用戶擔心隱私之間，若不拿捏好分寸，將會蒙受什麼損失。

我使用 Facebook，是因為我夠瞭解它，自信可以保護好自己。但十年後，對它的隱私設置，有可能就沒有那麼熟練了。如果 Facebook 及類似的網站想要永續經營——這也是真實共融的成果之一——或許就該替老年人想一想，設計一套系統，等到我自己沒有能力或不懂得怎麼做的時候，能夠為我設想或幫助我保護好自己的隱私。如若不然，一旦我對科技的掌握衰退，也就有可能失去了我這個用戶。

另一方面，濫用科技的進步，比如說，在別人不

---

97 William Gibson,〈美國退休人員協會表示，網路隱私是最引人關心的問題〉（Online Privacy a Major Concern, AARP Study Shows）, AARP, May 17, 2017, https://www.aarp.org/home-family/personal-technology/info-2017/survey-shows-online-privacy-concerns-fd.html.

知情的情況下任意變更定價，這樣的公司到頭來定將遭到淘汰，因為用戶是不會繼續受騙上當的。要做到真正的永續經營，使命與營利必須一體。上述這些顧慮，不只是對用戶而已，也要擴及開採資料的員工，資料可是今日推動多數業務的力量。打造一個更愉悅、更無障礙的工作場所，今天的「零工經濟」（gig economy）正可以作為借鏡。

零工經濟的啟示

在北美與西歐，約有一億五千萬家承包商，多數人都同意，零工經濟不僅於今為然，未來也將繼續成長。[98]從歷史上來看，由於多種因素，有一群人，備

98 Gianpietro Petriglieri, Susan Ashford, and Amy Wrzesniewski,〈繁榮的零工經濟〉（Thriving in the Gig Economy）, *Harvard Business Review*, March-April 2018, https://hbr.org/2018/03/thriving-in-the-gig-economy.

受忽略而無法保住全職工作，一直都只能從事這種所謂的「零工」。舉例來說，類似雅芳（Avon）、特百惠（Tupperware）或玫琳凱（Mary Kay）這些直銷企業，長期以來都是以婦女及少數族裔為勞動主力。這類彈性的工作，或許只是剛開始就業時別無選擇的選擇，但事實證明，人的幸福與就業需求兼顧，卻也不失為一種很好的模式。

此外，就許多人來說，包括婦女及身心障礙者，工作只是生活的一部分，其他緊迫的責任，甚至光是照顧自己這項耗時的挑戰，就已經把剩下來的時間填得滿滿的。還有許多人，來自其他文化背景，對他們來說，工作本身的意義不同於典型的美國觀點。工作並不是構成一個人身分的主要部分，而是賺錢養活自己和家人，是達到目的的手段，而不是目的本身。

這種情形跟許多實力雄厚的公司比起來，簡直就是天壤之別。大公司什麼都提供，從正餐、點心到乾洗衣服，就是為了營造一個環境，讓員工根本連家都不用回。對一個沒有其他責任的人來說，這樣的文化可能求之不得，但對那些要照顧一個家或還有其他需求要滿足的人來說，這肯定不是最好的選擇。二十歲出頭的人，進了一家辦公室福利好的公司，或許會很興奮，但隨著年歲增長，優先考慮事項可能就改變了。

工作團隊多元，才智各異，若要使其有益的見解得以發揮，公司便應該提供必要的措施，使其在工作崗位上各盡其責。過去被公司環境所忽略的員工——諸如婦女、身心障礙者及高齡員工——公司若加以深入瞭解，自能各依所需，打造一套各得其所的就業模式。唯有整體觀照員工的工作與生活，才能瞭解他們對未來的所想及所需。

2017 年，我應邀參與矽谷一家智庫，名為就業創新（Innovation for Jobs [I4J]），就是一個致力於此一議題的組織。創辦人為大衛・諾德福斯（David Nordfors）及文頓・瑟夫（Vinton Cerf），後者是網際網路先驅，公認的「網際網路之父」之一，也是Google 首席網路教父（Chief Internet Evangelist）。就業創新成立的宗旨是：「修正人工智慧，為多數人創造良好的工作」，創建一種「以人為本的經濟」（People-Centered Economy, PCE），在此一經濟模式中，「幫助他人使其有價值，自己才更有價值。一個人所賺越多，其他人也就賺得越多，經濟就會成長。」[99]這種思維體現了真實的共融：每個人都有其價值，貢獻一己所長，為所有的人打造更美好的世界。

一旦有了這樣的認知，企業與機構自會愈加努力，加入為全人類打造更美好世界的行列，到了那個時候，人人自會思考自身的使命感。無論消費者或生產者，都會對自己的產出及環境要求更多，最成功的

99 〈關於 i4j〉（About i4j）, Innovation for Jobs, accessed November 8, 2018, https://i4j.info/about/#forum.

第 8 章

採取行動打造榮景與永續：心存真實的共融

自 IBM 退休後，我開始了自己的諮商事業，成為無障礙與共融領域的獨立參與者，我知道，自己正面臨新的挑戰。放棄了 IBM 首席科技無障礙執行長的高位，規劃自己的道路，繼續追求自己的使命，勢必要建立新的合作夥伴關係，儘管一切尚在未定之天。

起步不久，就遇到了一個意想不到的機會，與 2016 年 6 月自 IBM 退休前的最後一次客戶活動有關。當年春天，國際婦女論壇（International Women's Forum, IWF）年會在以色列特拉維夫舉行，我應邀在會中發表演講。國際婦女論壇是一個僅限受邀者參加的高權力女性團體，成員皆為望重一方的女性，致力於全球女性地位的提升。那年會議是在特拉維夫一個

「以不斷改變、節奏快速及科技進步聞名的」城市。旨在解決重大社會議題，包括科技、數位安全及性別平等。[100]

我的分組會議主題：「能力的再思考」，重點是開發無障礙科技的重要性，這終將嘉惠於一般大眾。「無障礙思維與設計的結合，將使科技更形周全。首席經驗長（CXO，譯註：經驗長 [Chief Experience Officer]，是企業中一個以完整的使用者經驗為主體的主管）與投資者都必須要有以下的認知：為身心障礙者開發的科技乃是通往為所有人提供更高效機器的途徑。」我這樣對聽眾說。[101]

---

100 Viva Sarah Press,〈特拉維夫國際婦女論壇〉（International Women's Forum in Tel Aviv）, Israel21c, May 18, 2016, https://www.israel21c.org/international-womens-forum-in-tel-aviv/.

101 Gedalyah Reback,〈國際婦女論壇在以色列大會為輔助科技提供了一個平台〉（International Women's Forum Gives a Platform to Assistive Technology at Israel Confab）, Geektime, accessed November 6, 2018, https://www.geektime.com/2016/05/23/international-womens-forum-gives-a-platform-to-assistive-technology-at-israel-confab/.

丹娜・伯恩（Dana Born），美國空軍退休准將，哈佛甘迺迪學院公共領導中心（Kennedy School's Center for Public Leadership）聯合主任、國際婦女論壇麻薩諸塞分會會長，當時人在聽眾席中，後來邀我加入國際婦女論壇。受邀令我備感榮幸，卻不明所邀為何，聽她說明原委，方知其用心。丹娜肯定我在無障礙方面的知識、工作及經驗，雖然旨在促進企業與機構的多元化，卻也與國際婦女論壇的使命不謀而合。得到國際婦女論壇肯定，並張開雙臂歡迎我，使我立即產生了歸屬感。放眼即將開展的人生新篇章，我知道，自己將得到此一傑出團體的大力支持。

身為國際婦女論壇的一員，過去兩年的經歷讓我看到，自己在 IBM 為老年人及身心障礙者所做的工作很自然地延伸了開來。真實共融的基本原理適用於所有多元群體，自然也包括自己現在所參與的這一個：一群年過五十的女性企業領袖。最近，我在紐約市新成立的非營利組織美好社區（Amazing Community）一次會議發表演講。該組織「重新界定共融的工作場所，讓五十歲以上女性得以茁壯成長，從而改變一般人對高齡及創新的看法」。[102]也在「科技女同志」（Lesbians Who Tech）的幾次聚會中講話。這個團體致力於提高女同性戀科技人的能見度，增加從事科技工作的女性人數，並在科技社群中建立更有影響力的社群網路。[103]為自己肯定的價值爭取更大空間，採取行動追求真實的共融，這只少數的幾個例子而已。

這一章的重點在於：如何做到。將真實的共融融入企業與機構——以及整個社會——需要具備三大要件：個人要以真實的共融為一己的使命；透過科技、政策與實務使其得以可行；以及採取行動。所有這些

---

102 〈關於我們〉（About Us）, Amazing Community, accessed November 4, 2018, http://amazing.community/comunity-resources/.

103 〈關於科技女同志〉（About Lesbians Who Tech）, Lesbians Who Tech, accessed November 8, 2018, https://lesbianswhotech.org/about/.

方面雖然本書都已談到過，但仍需要更深入一些，將真實的共融從一個公司理想化為核心實踐的每個步驟都要涵蓋在內。

堅持一己的個人責任

文化的轉型始於個人。促進真實的共融，社會中的每個人都有自己的角色——公民、客戶、勞工與雇主。我們所做的每個決定，以及與他人的互動，都是一個更清楚理解他人觀點並肯定其價值的機會，若人人身體力行做到這一點——出於真誠及人本的認知，而非為了守法或守分——更美好的大同世界在望。

高層主管的責任

身為高層主管，決定組織的方向與優先事項，對他們來說，使命感與行動至關重要。眾所周知，位居高層，身負決策責任，所要處理的問題也就越加複雜。此外，越來越多的社會挑戰不斷反映到公司的政策與作業上，要求主管團隊的政策要落實到更廣泛的議題，諸如未來的教育，或身心障礙者的雇用。由於沒有公式可循，單憑投入與產出的計量，這類問題無法得到完美的答案。

而許多決策都有其長期影響，使得此一挑戰更形複雜。最後的結果通常不會在數周、數月甚或數季內顯現。整個情況反而像是在海上設置的浮標，引導公司——以及整個社會——未來數年的行動，而且往往是指引正確方向的唯一指標。

在意自己對未來的影響，可以提升決策品質，最終有助於目標的達成及公司的成功。強烈的使命感——根植於現實的使命感——可以促使決策更為良好，更為持久。組織成員受到激勵，會追隨你的領導。正如慧與科技公司（HPE）蒲公英計畫（Dandelion Program）——一項針對自閉症者就業極為成功的計畫——的專案主管麥可・費德豪斯（Michael Fieldhouse）所說：「文化源自高層。確立並落實一種心態，讓人覺得受到信任，這一點，領導團隊責無旁貸。」[104]

事實上，正是因為主管階層與政府官員的參與，蒲公英計畫才得以成功。他們肯定自閉症者往往具備優秀的能力，包括非凡的專注力與記憶力，能夠注意到一般神經典型者（neurotypical）容易忽略的錯誤及模式，對組織的成功大有助益。更重要的是，有鑑於自閉症者擁有這種特殊的能力卻往往就業不足，他們致力於解決這個問題。在此一計畫的發源地澳大利

104 Michael Fieldhouse,〈為何「人事革新」是最令人振奮的創舉〉（Why 'People Innovation' Is the Most Exciting Development of All）, LinkedIn, November 6, 2016, https://www.linkedin.com/pulse/why-people-innovation-most-exciting-development-all-fieldhouse/.

亞，自閉症者的就業率就高達85%。[105]

在主管階層的支持下，他們與南澳大利亞自閉症協會（Autism South Australia）這類宣導團體合作推出這項計畫，讓自閉症者到澳大利亞公共服務部（Department of Human Services）擔任軟體測試。費德豪斯表示，計畫具有多重目標：「超越差異，打破隔閡，一來在於提升客戶服務品質，再則改善公司競爭優勢（透過特別的共融作為），同時也為計畫參與者及澳大利亞社會做出貢獻。」[106]

公司高層所付出的努力得到了回報。計畫執行結果高於預定產能，參與者的工作達到最高品質。此外，計畫的後勢也看好。根據資誠聯合會計師事務所

---

105 Michael Fieldhouse,〈慧與科技蒲公英計畫成為哈佛商業教學個案〉（Why the HPE Dandelion Program Is Now a Harvard Business School Case Study）, LinkedIn, October 12, 2016, https://www.linkedin.com/pulse/why-hpe-dandelion-program-now-harvard-business-school-fieldhouse/.

106 同註105。

（PricewaterhouseCoopers）的報告估計，同樣的計畫，若雇用 101 人（原計畫的參與者為 40 人），執行二十年，對國家的貢獻可達四億二千五百萬美元。[107]

身居高位者，若有意執行類似這種創新與高績效的計畫，機會可謂多有。只要主動積極尋找不同的聲音，有心將他們的回饋納入公司的策略，雙方都將受惠。

經理與第一線員工的責任

雖然不是身居高位，照樣可以扮演一個角色，帶領組織走向更為共融的未來。根據自己的經驗，沉重的工作負擔，不斷增加的責任，很容易讓人陷入孤立無援，迷失自己的目標。縱然不居高位，但身在管理

107 同註 104。

階層的人，也可以在業務上尋找機會，講出自己團隊的意見，或許最重要的是，鼓勵同仁做自己。到時候自會驚喜發現，你代表團隊所表達的意見和觀點，組織的高層領導都會欣然接受。

以我自己的經驗，生涯的每個階段，無論是以個人或經理的身分，面對多數族群的同仁——白人、男性、美國人——他們都願意聽取我的想法或意見。沒錯，我得做好雙向溝通，或促成對話，但真正的領導定會將不同員工的意見納入其策略，促進公司的永續，也希望員工為公司效力，真有某些方面與眾不同的，自會借重其才能與觀點協助公司發展。

組織結構的影響

一旦接納了真實的共融，下一步就是要將之納入組織的優先項目。無障礙不再是選擇性的，而是不可或缺的。無障礙及隨之而來的隱私與安全，任何合法公司都應該視之為基礎設施的必要條件。

在科技還沒有在所有人的生活中扮演一個人的角色之前，系統的指標，諸如便利性、可靠性及適用性，就已經列入了優先考慮事項，譬如：系統能否不間斷運行？是否易於維修？時至今日，隨著科技更加個人化，又加上對隱私和安全的顧慮，這些要素打從一開始就受到高度重視，並融入了組織發展的每個層面與階段。談到現行的基礎設施，由於所考慮的已經不只是硬體，還顧及到產品、服務及應用程式面對人的各種狀況，以及資料的收集與保護，因此，無障礙也要以同樣的思維予以融入。既然使用者的體驗及客戶的互動都已經是整個產品的一部分，無障礙自然也屬必要。猶如電梯之於摩天大樓，無障礙也應該是藍圖的一部分。

要把事情做好，往往先得改變觀念。最優秀的組織都懂得創新，一旦共融成為創新觀念的關鍵部分，企業與機構便如虎添翼，可以脫穎而出。這樣的思維本就與眾不同。共融與創新結合，將使共融更為落實、持久及成功。IBM 決定將無障礙納入研究部門就是一個很好的例子。此一組織架構充分展現了公司的信念：共融是創新的關鍵要素，由此乃引導了無障礙科技的發展。

同樣地，在第六章已經談到過，將多元與共融從人力資源業務提升為整個公司的要務，成為公司各個階層，從上到下，每一部門與個人的共同參與，乃是非常重要的一步。將共融自人力資源提升出來融入整個企業與機構，單是此一觀點的差異就顯示了其市場的潛力。

這一切都要從組織的領導做起，首先，要傳達其對真實共融的承諾——既不是人力資源的創舉，也不是公司社會責任的表態——而是企業與機構的根本要務。領導人一旦將真實的共融納入公司體制，成為業務模式的關鍵部分，風行草偃，公司內的作業單位，如生產、服務、行銷、傳播及其他，也將如斯響應，予以消化整合，在部門經理的帶領下，內化此一訊息，轉達給自己的團隊，化為具體行動。

以共融為目標，從法律到產品開發及行銷，將之與業務策略及成果整合成為一體，也有助於風格的建立。此外，這些目標可以整合到組織的所有流程，使其清晰可見。舉例來說，傳播副總裁發布一個推銷影片時，便可以用字幕讓聽不見的人也能看到。理賠處理部門製作讓顧客在線上填寫的表格，則可以使之與各種輔助科技相容，讓視覺障礙者也可以輕鬆填寫。資訊長若要推出一套工作場所的新電子郵件系統，便可以利用這個機會選擇或開發一套完備的無障礙系統，讓每個員工都可以有效使用。然後，再將所有這些決策整合到管理流程中，使公司可以追蹤其進展，並製作一套封閉迴路系統（closed-loop system）處理各式的問題與挑戰。換句話說，對待真實的共融如同經營一切業務。

無障礙政策與管理的開展

企業與機構也應該積極主動，與其被動因應，逐案處理，而應未雨綢繆，在問題未發生之前，建立可以處理各種需求的系統。好消息是，就目前來說，一切無須從零開始。許多倡議團體及科技公司——其中許多本書都曾提到——在這方面已經建立了標準及範例。只要有心尋找，唾手可得。

這些問題以前從不認為具有政策價值，因此，通常未經提升到政策層面。但時至今日，只要打開開關，開始營造更為共融的文化，所有必要的工具皆已備妥，只要針對目前的無障礙工作及未來計畫，擬定內部的政策及對外的聲明就可以上路了。

事情也無須等到有了重大進展才啟動，無障礙計畫一旦決定，撰寫一份內部聲明及外部政策，卻無須詳列完成事項，而在於向員工、消費者及客戶說明公司的基調。政策讓員工明瞭公司對無障礙的立場，表明這是公司的核心價值，並讓每個人知道在協助無障礙工作場所建立上自己的責任。同時，告知客戶及消費者，無障礙是組織的優先事項，各項採取的步驟旨在推動公司達成這一目標。[108]凡此種種，著手付諸實施，永不嫌早，無論無障礙進行到什麼階段，員工與客戶都樂見其成。

針對無障礙政策及聲明的撰寫，全球資訊網無障礙倡議（W3C Web Accessibility Initiative）提供了大量的資料，確保組織在這方面的努力有所依據，並成立一個網站，方便隨時查詢。如需瞭解更多資訊，可上網 www.w3.org。

---

108 〈何時及如何撰寫一份無障礙聲明及政策〉（When and How to Write an Accessibility Statement and Policy [Policy]）, UsableNet, August 27, 2018, https://blog.usablenet.com/when-and-how-to-write-an-accessibility-statement-and-policy-blog?hs_amp=true.

體現一系列核心特徵

當然，聲明與政策的撰寫儘管有其難度，畢竟只是小事一樁。一旦組織的方方面面都決定要做到真實的共融，不妨去找商業身心障礙論壇（Business Disability Forum）。此一英國非營利組織，協助企業雇用身心障礙者並和他們做生意，確定了一組共同特徵，可以使組織的「身心障礙者靈巧（disability smart）」，以全面性的政策與最周延的實務支援身心障礙者。他們發現，在無障礙方面卓有績效的組織具有四項共同特徵：

- 瞭解身心障礙對組織各個方面的影響，不僅僅止於個人問題，諸如硬體結構或招募。
- 積極主動解決限制每個人——無論其為員工、客戶或消費者——參與的任何問題或障礙。
- 一切都從個人層面著手，為每個有需求的人做出調整，並確保有一套系統隨時滿足這些需求。

・不以一個人的損傷或診斷為依據斷定其整體的能力。[109]

以這些特徵為指導原則，有助於確認計畫與政策，使其能夠達成真實的共融，並從頭開始就予以納入。

制定共融的用人策略，今天就做

用人是共融特別重要也迫切的一環。用人多元的優點，第五章已經談過，但在當今的就業環境下，這個問題尤其來得迫切。至 2018 年 8 月止，美國的缺工高達有七百一十萬空缺，創下 2000 年美國勞工部

109 Brendan Roach and Lucy Ruck,〈身心障礙：全球性的企業問題〉（Tackling Disability As a Global Business Issue）, Business Disability Forum, YouTube video, 49:00, October 11, 2018, https://www.youtube.com/watch?v=v7t23z_0U7g.

追蹤缺工以來的最高紀錄。[110]公司的用人策略如果包含共融，善用各種不同人才，就足以彌補此一差額。

這還有另外一個優點。用人多元所聘用的員工既忠誠又賣力。由於這類員工不屬於主流——譬如我自己——他們知道，公司是真正欣賞自己的能力。回過頭來，他們願意為公司付出，而不僅僅是為了賺一份薪水。

還有就是磁吸效應。公司聘用不同能力頂尖人才的名聲在外，更多接受此一價值的高端人才自會望風而來。這類例子所在多有，本書也都談到過。回想起來，IBM 巴西分公司就是憑藉自身的聲譽，不僅獲得

---

110 Heather Long,〈美國出現七百一十萬個職位空缺紀錄，要求加薪大好機會〉（America Has a Record 7.1 Million Job Openings, Making It an Especially Advantageous Time to Ask for a Raise）, *Washington Post*, October 16, 2018, https://www.washingtonpost.com/business/2018/10/16/america-has-record-million-job-openings-making-it-an-especially-advantageous-time-ask-raise/?noredirect=on&utm_term=.63a33d34b82d.

政府補助，還引進了頂尖的研究人員，開展其就業與身心障礙的研究。德勤公司的研究也顯示，如果有比較共融的公司可去，39%現職員工會跳槽。[111]採行共融策略時，不妨想想這些優點。

採購政策

引進不同背景、經驗及能力的人才之外，公司也要評估採購策略。在這方面，美國政府都以重視共融的公司為優先簽約對象，其他組織採用類似作法也可以從中受益，確保內部的努力與價值在供應商的關係中得到回饋。

---

111 Deloitte,〈共融當務之急：領導統御新解〉（The Inclusion Imperative: Redefining Leadership）, *Wall Street Journal*, September 4, 2018, https://deloitte.wsj.com/cio/2018/09/04/the-inclusion-imperative-redefining-leadership/https://deloitte.wsj.com/cio/2018/09/04/the-inclusion-imperative-redefining-leadership/.

優先考慮婦女、少數民族、退伍軍人及身心障礙者所經營的事業，確保員工、客戶、消費者及其他利益相關人明瞭公司以多元為優先的立場。IBM 就是率先與身心障礙共融（Disability:IN）——前身為 USBLN（美國商業領袖聯盟）——合作的公司之一。此一組織的使命是「提高企業的身心障礙共融意識，建議並分享工作場所、供應鏈及市場身心障礙共融的可行策略」，同時也是身心障礙供應商聯盟的發起人之一。[112]唯其如此，才有助於這類事業，使多元採購得以優先，並鼓勵其他人起而效法。

以人為本，有效評量共融

對於共融，不同的要求有其不同的評量標準。共

112 〈我們是誰〉（Who We Are）, Disability:IN, accessed November 13, 2018, https://disabilityin.org/who-we-are/.

融成功與否，單以身心障礙員工的數量為依據，無法窺其全貌；要確定員工是否擁有促進成果的條件，還需要運用其他標準來做評量。在科技無障礙執行長任內，我不僅評量產品的無障礙，也會考量團隊是否具備設計無障礙體驗的技能。追蹤在多元方面的進展之餘，也會評量創新的速度、產品及服務的進展，以及與客戶的互動。跳脫一般的評量標準，可以使公司有更大的眼界，衡量自己的工作對全體人類的影響。

公司，尤其是大型公司，成立科技無障礙中心這類單位，確保整個組織能夠做到以無障礙為優先，對公司也大有助益。舉例來說，針對無障礙議題，中心可以與管理高層及單位主管進行協調，建立一致的業務互動，定期檢討公司的無障礙要務，以及在各職能部門內付諸實施的其他方法。這些努力與行動既可以引起員工的共鳴，也可以反映組織對多元與共融的承諾。

現在正是時候

說到真實的共融，思考隨之而來的責任與執行時，很重要的是要承認此一當務之急的迫切性。現在正是時候。時間是不等人的，科技繼續以驚人的速度提升——在人類生活中發揮巨大影響——坐享其成不再可行。此時不做，更待何時！

尤有甚者，事實擺在眼前，隨著年歲老去，大家都有可能經歷某種形式的身心障礙，生活中多元紛陳，影響自己且無可避免的問題，無論其為政治的、經濟的或社會的，人人都有責任解決。而為了真正觸及消費者——構成這個世界的每一個人——我們還必須處理某些困擾著當今社會複雜而棘手的問題。時至今日，運營的速度、效率及洞見，往往動動手指可得，許多以營利為目的的事業實際上最有能力解決其中的某些問題。

我們所談的人，不是「別人」而是「自己」。若我們努力瞭解彼此的觀點，提升世界為全人類服務的品質，今日之我與明日之我——公司與營收——自會有所不同。

之所以如此，部分原因在於，共融的想法要求整合多種模式，應付不同的需求與能力，嘉惠於每個人。營利的能力也不例外。科技讓人更為靈活，有多種途徑可以解決問題與運營業務，回應市場的需求，創造更多的回收。簡而言之，應用運營的效率，處理多元與現實這類人類的問題，此正其時。唯有如此，原則、宗旨與營利自能和諧一體，實現真正的永續。我這樣肯定，因為這是我的親身體驗。

在我的職業生涯中，真實的共融及其力量的展現，從錄取我到美國念書的教授到給我第一份工作的法蘭克．弗萊德斯多夫，以及無數我在 IBM 及其他地方認識的人，我經歷得太多了。利用自己得到的每一個機會，我貫徹自己的使命，為公司的員工創造了更好的工作環境，從而為每個消費者創造了更好的產品。

身為一名高階主管，在市場行銷、銷售、業務開發及研究創新等多個領域，我學到了許多，當然，作為科技無障礙執行長也不例外。個人的經歷，包括在IBM的工作，以及與身心障礙人士的接觸，使我明白真實共融的力量，不僅是應該做的事，在科技持續以驚人速度進步的時代，也是生存與繁榮所不可或缺。

我的所學所知，非我所獨有，分享給更多的人，協助公司與機構從事這項工作，是我為自己的下一階段人生做的準備。透過顧問工作、演講活動與策略夥伴關係，我的公司 FrancesWestCo 希望能夠影響領導者及企業與機構，激發組織變革。有為者亦若是，希望你也加入我的行列。

致謝

在這裡，我要表達我最誠摯的感激。感謝維斯卡迪中心（Viscardi Center）總裁兼執行長約翰・坎普（John Kemp）的善於激勵人心，多年來不吝與我分享他在身心障礙事業方面的故事與智慧。

感謝 IBM 所有的部門主管，對我任內工作及表現傑出工作同仁的支持，特別是對隨時隨地身體力行真正共融的無障礙部門同仁。

感謝兩位非常特別的 IBM 前同仁：

克里斯・凱恩（Chris Caine），Mercator XXI, LLC 總裁兼執行長，這些年來於我有如良師，對我信任有加，在我人生的無障礙之旅中給予指點及啟發。

凱薩琳・德爾加多（Kathleen Delgado），曾任 IBM 研究部門無障礙行銷經理，如今與我在 Frances WestCo 共事，若不是她處處關心，提供見識、指導及專業建議，我無法相信自己能夠撰寫並完成此書。

感謝所有我有幸參與的公司及組織，無論我身為董事、員工或顧問，在身心障礙、無障礙及多元方面給我的教導：

Aira https://aira.io

American Association of People with Disabilities (AAPD)
https://www.aapd.com

Assistive Technology Industry Association (ATIA)
https://www.atia.org

Chinese Disabled Persons' Federation (CDPF)
https://en.wikipedia.org/wiki/China_Disabled_Persons%27_Federation

Disability:IN https://disabilityin.org

Inclusite https://www.inclusite.com

Innovation for Jobs (i4j) https://i4j.info

International Women's Forum (IWF) http://iwforum.org

Global Initiative for Inclusive ICTs (G3ict)

http://www.g3ict.org

Knowbility https://knowbility.org

Mercator XXI https://www.mercatorxxi.com

National Braille Press (NBP) http://www.nbp.org

Ruh Global https://www.ruhglobal.com

Shenzhen Information Accessibility Association

http://siaa.org.cn

SourceAmerica https://www.sourceamerica.org

University of Massachusetts, Boston, and Medical School

https://www.umb.edu, https://www.umassmed.edu

US International Council on Disabilities (USICD)

http://www.usicd.org/template/index.cfm

The Viscardi Center https://www.viscardicenter.org

World Information Technology and Services Alliance

(WITSA) https://witsa.org

World Institute on Disability (WID) https://wid.org

World Wide Web Consortium (W3C)

https://www.w3.org/WAI

Zhejiang University (ZJU)

https://www.zju.edu.cn/english

內容簡介

身處於一個科技深入生活各個層面的世界，為每個社會成員提供個人化的體驗，已經成為企業的當務之急。開發新的市場及追求創新將形塑明日企業的風景，而今日，最成功、最有創意的公司都是以每一個人——而非多數人——為運營的核心。

在《真實的共融：驅動顛覆性的創新》中，觀念的先行者、演講家、策略顧問及女性科技先驅，王馥明指出了新的途徑：以共融為策略，主動積極擁抱多元差異，企業領導人能夠有效達成開創性的持續改變，並開啟巨大的機會。

在此一精要的藍圖中，王馥明闡述了以人為本——將共融納入企業的策略、科技基礎設施及組織程序——使公司將原則、目標與利潤融為一體，達成人盡其才、市場拓展及企業區隔之道。

王馥明以其獨特的個人背景及科技創新的業務經

驗——從她身為第一代非英語移民的個人經歷到她身為一名科技女性及 IBM 首任無障礙執行長的職業生涯——加上她在無障礙科技與數位共融上的先進表現貫穿全書，其現身說法，使本書令人興起有為者亦若是之志，在達成突破性創新與永續經營上，足以為企業領導人必備之指南。

作者簡介

王馥明（Frances West）

國際公認的思想領袖、講者、策略顧問、科技女力先鋒，以其在創新、科技與企業轉型方面的工作聞名。她是全球策略顧問公司 FrancesWestCo 的創辦人，致力於透過她獨到的真實共融™願景，實踐商業與科技業的眼前要務：共融。

除了在銷售、行銷、業務發展與研發領域擔任全球高階主管的經驗，她在擔任 IBM 公司首位「科技無障礙執行長」期間在無障礙領域完成的開拓性工作，使她的觀點深具洞見與影響力。

王馥明為無障礙這個基於人權的倡議帶來寶貴的商業觀點。她的智識與專業能力使她獲邀在美國參議院擔任資訊科技產業的唯一代表，闡明通過聯合國《身心障礙者權利公約》的必要性。麻州大學波士頓分校也授予王馥明榮譽博士學位，以表彰她在無障礙、研發與數位共融領域的耕耘。王馥明是一個臺灣囡仔，中學後隨父親工作移居海外，也在香港與美國接受過教育。她已婚，兩個孩子都已成年，現居美國麻州紐頓市。

國家圖書館出版品預行編目 (CIP) 資料

真實的共融：啟動顛覆性的創新 / 王馥明（Frances West）著；鄧伯宸譯 .
-- 初版 . -- 新北市：立緒文化事業有限公司，民 113.04
200 面；14.8×21 公分
譯自：Authentic Inclusion™：Drives Disruptive Innovation
ISBN 978-986-360-225-5（平裝）

1. 企業經營 2. 企業領導 3. 組織管理

494 113003687

真實的共融：驅動顛覆性的創新
Authentic Inclusion™: Drives Disruptive Innovation

出版——立緒文化事業有限公司（於中華民國 84 年元月由郝碧蓮、鍾惠民創辦）
作者——王馥明（Frances West）
譯者——鄧伯宸

發行人——郝碧蓮
顧問——鍾惠民

地址——新北市新店區中央六街 62 號 1 樓
電話—— (02)2219-2173
傳真—— (02)2219-4998
E-mail Address —— service@ncp.com.tw
劃撥帳號—— 1839142-0 號 立緒文化事業有限公司帳戶
行政院新聞局局版臺業字第 6426 號

總經銷——大和書報圖書股份有限公司
電話—— (02) 8990-2588
傳真—— (02) 2290-1658
地址——新北市新莊區五工五路 2 號
排版——菩薩蠻數位文化有限公司
印刷——尖端數位印刷有限公司

法律顧問——敦旭法律事務所吳展旭律師

分類號碼——494
ISBN——978-986-360-225-5
出版日期——中華民國 113 年 4 月初版 一刷（1~1,000）

定價◎ 300 元